高职高专"十三五"规划教材

服装CAD
应用与实践

李小静　主编

FUZHUANG CAD
YINGYONG YU SHIJIAN

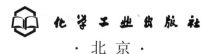

化学工业出版社

·北京·

本书系统介绍了服装 CAD 及富怡 CAD V9.0 系统、富怡 CAD V9.0 打版系统、典型款式打版实例、富怡 CAD V9.0 放码系统、富怡 CAD V9.0 排料系统等内容，对于提高服装 CAD 的认知能力起到一定的积极作用。本书在编写过程中，注重理论的系统性、科学性、条理性，更加注重专业性、实用性和可操作性，使知识传授与实践操作相结合，符合现代服装与服饰设计工学结合的实践教学特点。

本书既可作为高等院校、职业院校服装与服饰设计专业及相关专业的课程教材，也可作为服装行业企业工作人员的参考用书。

图书在版编目（CIP）数据

服装 CAD 应用与实践 / 李小静主编 . —北京：化学工业出版社，2018.2（2022.1重印）
ISBN 978-7-122-30860-3

Ⅰ . ①服… Ⅱ . ①李… Ⅲ . ①服装设计 - 计算机辅助设计 - AutoCAD 软件 Ⅳ . ① TS941.26

中国版本图书馆 CIP 数据核字（2017）第 260573 号

责任编辑：蔡洪伟　　　　　　　　　　　　文字编辑：陈　喆
责任校对：王素芹　　　　　　　　　　　　装帧设计：王晓宇

出版发行：化学工业出版社（北京市东城区青年湖南街 13 号 邮政编码 100011）
印　　刷：三河市航远印刷有限公司
装　　订：三河市宇新装订厂
787mm×1092mm　1/16　印张 10　字数 246 千字　2022 年 1 月北京第 1 版第 3 次印刷

购书咨询：010-64518888　　　　　　　　售后服务：010-64518899
网　　址：http://www.cip.com.cn
凡购买本书，如有缺损质量问题，本社销售中心负责调换。

定　　价：29.00 元　　　　　　　　　　　　　　　　　版权所有　违者必究

前 / 言
Foreword

CAD 是"Computer Aided Design"的缩写，是指计算机辅助设计，服装 CAD 系统 (Garment Computer Aided Design System) 也就是计算机辅助服装设计系统，它是现代化科学技术与服装工艺技术相结合的产物，是集服装款式设计、打版、放码、排料和计算机图形学、数据库、网络通信知识于一体的现代化高新技术。

服装 CAD 是从 20 世纪 70 年代才起步发展的，1972 年美国研制出首套服装 CAD 系统——Marcon，在此基础上美国格柏 (Gerber) 公司开发出具有放码和排料两大功能的服装 CAD 系统，之后，一些技术发达国家也纷纷向这一技术领域进军，推出了类似的系统。我国的服装 CAD 技术起步稍晚，但是发展很快，从 20 世纪 80 年代中期，在引进和吸收国外服装 CAD 软件的基础上开始研究开发，逐步由研发阶段进入到实用的商品化和产业化阶段。随着计算机技术以及网络技术的迅猛发展，服装 CAD 技术发展也日新月异，其在产业中的运用日益广泛。

本书主要从服装 CAD 及富怡 CAD V9.0 系统、富怡 CAD V9.0 打版系统、典型款式打版实例、富怡 CAD V9.0 放码系统、富怡 CAD V9.0 排料系统五项内容，系统介绍了如何进行服装的制版、放码、排料等操作过程，涉及服装 CAD 软件，以及富怡 CAD V9.0 工具条的使用方法、裙装制版、裤装制版推版及排料、衬衫制版推版及排料、女时装制版推版及排料、男西装制版推版及排料、女上装原型与省道转移等实践教学环节，突出高职服装专业教育特色，体现工学结合的教学特点，实现服装设计实训课程的平面设计与立体设计之间转换的掌控能力。

本书由李小静主编，崔现海、马宝利参编。其中李小静编写了第二章、第三章，崔现海编写了第一章、第四章，马宝利编写了第五章。全书由李小静统稿。期望能受到广大师生、相关专业人士的欢迎。

由于编者水平有限，加之时间仓促，书中难免存在不足之处，请广大读者批评指正。

编者
2017 年 7 月

《服装 CAD》课程课时计划

序号	教学内容	理论学时数	实践学时数
一	介绍服装 CAD 软件，以及富怡 CAD V9.0 工具条的使用方法	4	4
二	裙装制版（以筒裙为例，拓展 2～3 件变化款式的裙子）	4	4
三	裤装制版、推版、排料（以男西裤为例，拓展牛仔裤）	4	4
四	衬衫制版、推版、排料	4	4
五	女时装制版、推版、排料	3	3
六	男西装制版、推版、排料	3	3
七	女上装原型与省道转移	4	4
合计课时		26 学时	26 学时

共 52 学时

目 / 录
Contents

第四章　富怡 CAD V9.0 放码系统 108

第五章　富怡 CAD V9.0 排料系统 128

附录 145

参考文献 154

第一章

服装 CAD 及富怡 CAD V9.0 系统

第一节　服装 CAD 简介

服装 CAD 系统(Garment Computer Aided Design System)也就是计算机辅助服装设计系统，它是现代化科学技术与服装工艺技术相结合的产物，是集服装款式设计、打版、放码、排料和计算机图形学、数据库、网络通信知识于一体的现代化高新技术。

一、国内外服装 CAD 系统的发展现状及特点

（一）国外服装 CAD 技术运用现状

自 20 世纪 40 年代第一台计算机问世以来，计算机科学技术飞速发展，60 年代末，美国麻省理工学院 (MIT) 的 Evansouthland 教授发明了计算机图形处理技术，从而使计算机不仅能进行科学计算和处理文字信息，而且有了处理和显示图形的能力，为 CAD 技术的发展开辟了道路。在航空、汽车、电子等技术密集型行业中，CAD 系统首先研制成功，并被推广应用。CAD 技术在服装行业的应用始于 20 世纪 70 年代初，1972 年美国研制出首套服装 CAD 系统——Marcon，在此基础上美国格柏 (Gerber) 公司开发出具有放码和排料两大功能的服装 CAD 系统，并将其推向市场，取得了良好的效果，受到众多服装企业的欢迎，大大缓解了工业化大批量服装制作过程中的瓶颈环节——服装工艺设计。在世界各国拥有数千用户的美国格柏 (Gerber) 公司占据了服装 CAD 技术的首领地位并形成新的技术产业。之后，一些技术发达国家如法国、日本、英国、西班牙、瑞士等也纷纷向这一技术领域进军，推出了类似的系统。由于当时个人计算机还没有出现，这些系统是基于单片机设计的，因此庞大而且昂贵，安装 CAD/CAM 系统的几乎全是大型服装生产企业。

如今，国外服装 CAD 技术已普遍使用，欧洲服装 CAD 系统在服装企业使用率达到 95% 以上，使得服装技术精准度与效率大幅度提高，但是由于投资比较大，实际综合利用率偏低，潜力尚未完全开发。因此国外的许多服装 CAD 制造商逐渐将重心向服装 CAM（计算机辅助制造）单元技术转移，向 CAD/CAM（计算机辅助制造系统）/MIS（信息管理）/FMS（柔性制造系统）/ERP(企业资源管理系统) 等综合服装生产系统发展，即向计算机集成化制造系统（CIMS）领域迈进。

影响较大的国外服装 CAD 品牌有：美国格柏（Gerber）CAD/CAM 系统、法国力克（Lectra）CAD/CAM 系统、西班牙艾维（Investronica）CAD/CAM 系统、美国 PGM CAD/CAM 系统、德国艾斯特（Assyst）CAD/CAM 系统、加拿大派特（Pad）CAD/CAM 系统、日本东丽公司的 Acs-Toray 系统。

（二）国内服装 CAD 技术运用现状

我国的服装 CAD 技术起步稍晚，但是发展很快，从 20 世纪 80 年代中期，在引进和吸收国外服装 CAD 软件的基础上开始研究开发，逐步由研发阶段进入到实用的商品化和产业化阶段。经过近 30 年的发展，目前国内服装 CAD 系统主要有：航天工业总公司 710 研究所的航天服装 CAD 系统（Arisa）、杭州爱科电脑技术公司的爱科服装 CAD 系统（Echo）、北京日升天辰电子有限公司的 NAC-200 系统、深圳市盈瑞恒科技有限公司的 Richpeace 系统、深圳市布易科技有限公司的 ET System、北京六合科技有限公司的至尊宝坊、深圳市博克时代科技开发有限公司的博克 CAD、浙江纺织服装科技有限公司的时高 CAD。国产服装 CAD 系统是结合了我国服装企业的生产方式与特点基础上开发出来的，常用的款式设计、打版、放码、排料等二维 CAD 模块在功能和实用性方面已不逊色于国外同类软件，因此使用率比较高。

（三）国内外知名服装 CAD/CAM 系统简介

1. 国外服装 CAD/CAM 系统

（1）美国格柏（Gerber）系统　是国际领先的服装 CAD/CAM 系统之一，由款式设计系统（Artworks）、纸样及推板排料系统（AccuMark）、全自动铺布机（Spread）、自动裁剪系统（Gerber Cut）、吊挂线系统（Gerber Mover）、生产资料管理系统（PDU）等组成。格柏先进的 CAD/CAM 系统在提高企业产品开发和生产的灵活性、提高生产力和效率以及提高产品质量稳定性等多个方面具有明显优势。它是软性材料制品工业自动化 CAD/CAM 和 PLM 系统解决方案的世界领导者，为缝制品工业和软性材料业制造商开发、制造世界领导品牌的软件和硬件自动化集成系统。

系统的主要特点有：

① 系统提供多种绘图工具，扩大了设计师的创作空间。设计师利用光笔可按照自身的习惯进行面料、款式、服饰配件的设计，操作起来简单，效率高。

② 采用工作站的形式实现纸样设计、推版和排料的一体化，并在多视窗口环境内可进行同步操作纸样设计、整批处理纸样的推版和排料等。

③ 具有 UNIX 的多用户、多任务能力，兼备同步作业，有强大的联网功能。

（2）法国力克（Lectra）系统　是 CAD/CAM 的领导品牌，其系统由款式设计系统

（GraphicInstinct）、纸样设计和推版系统（Modaris）、交互式和智能型排料系统（Diamino）、资料管理系统（StyleBinder）、裁剪系统等组成。裁剪系统包括拉布（Progress）、条格处理（Mosaic）、裁片识别（Postprint）及裁剪（Vector）。

系统的主要特点有：

① 产品具备智能化、开放性并支持多种操作平台，让用户有较大的选择范围。

② 款式设计系统采用一台智能、互动、高分辨率绘图板，附有独特的光笔，它能模范毡头笔（felt pen）、蜡笔（crayon）、油画笔（paintbrush）等，操作和使用就像一块画板一样方便。

③ 能自动由基本版生成款式并分割纸样。能够自动检查，减少错误，避免重复工序，推版的精度非常高，可以达到 0.01mm。

④ 可以处理各类面料的排料，并且能够正确达到节约耗量，并把排料数据直接传递到铺布机和自动裁剪系统。

（3）西班牙艾维（Investronica）系统　主要包括生产服装 CAD/CAM/CIM 系列产品，主要产品有服装款式设计系统、制版、推版、排料系统、生产工艺管理系统、自动裁剪系统，自动吊挂运输线，机器人仓库管理系统，自动绘图机系列，纸样切割机系列，其中服装 CAD 系统有五个功能：纸样设计模块、修版及推版模块、交互式及自动排版模块、多媒体生产数据模块和量身定做模块。

（4）美国（PGM）系统　包括设计系统（图案设计、面料设计和款式设计）、纸样设计系统、推版系统和排料系统四个部分，系统特点如下：

① 系统的操作平如是基于 Windows 系统的。

② 结合手工制版的习惯，全程记录手工制版的思路，顺序和步骤等，能依据成衣尺寸立即得到新的纸样。

③ 分割后的纸样不论大小，迅速完成自动推板。

（5）德国艾斯特（Assyst）系统　包含款式设计系统、工艺制造单系统、制版和推版及款式管理系统，成本管理与排料及自动排料系统，裁剪系统。

系统的主要特点有：

① 可以提供多种典型款式的工艺制造单；

② 提供 400 多种功能，使制版、推版、排料等更容易；

③ 有三种排料界面：铺开排料、横式菜单排料和竖式菜单排料。

（6）加拿大派特（Pad）系统　包含 Pad（派特）服装 CAD 系统、Pad（派特）服装 CAM 系统、Pad（派特）服装企业管理系统、Pad-Lilanas（派特 - 丽拉纳斯）服饰设计系统介绍、Pad-Pulse（派特 - 博士）绣花软件。

系统主要特点有：

① 系统独特的电脑开头样技术以及能兼容众多硬件及 CAD 软件的完全开放系统；

② 开放性为企业在后续的 CAM（辅助制造）的发展中提供理想的选择空间。

（7）日本东丽公司的 Acs-Toray 系统　包含描板、打版、放码、排料、工艺单管理等系列专用绘图机等硬件设备。

2. 国内服装 CAD/CAM 系统

（1）航天工业总公司 710 研究所的航天服装 CAD 系统（Arisa）　该研究所是我国最早进行服装 CAD 技术研究和开发的科研单位之一，在国家"七五""八五"科技攻关计划的支持下研制了服装 CAD 系统，它包含款式设计系统、纸样设计系统、放码系统、排料系统和试衣系统。

系统特点有：

① 采用了多种纸样设计方法，如原型法、比例法、D 式裁剪法；

② 提供了多种曲线设计工具（曲线板、NURBE 曲线、自由曲线、弧线等），使制版方便快捷；

③ 具有整体图案色彩变化功能、织纹设计，能动态进行图案、颜色、面料的搭配。

（2）杭州爱科电脑技术公司的爱科服装 CAD 系统（Echo）包含款式设计、纸样设计、推版、排料、试衣等功能强大的产品群。

（3）北京日升天辰电子有限公司的 NAC-200 日升公司是专门从事服装行业计算机应用系统的技术研究、开发和推广应用的高新技术公司，产品主要包含：服装工艺 CAD 系统（原型制作、纸样设计、推版、排料）、量身定做系统和工艺信息生产管理系统等。

（4）深圳市盈瑞恒科技有限公司的 Richpeace 系统　该公司产品主要有服装 CAD、毛衫 CAD、绣花 CAD、教育 CAD、箱包 CAD、绗缝 CAD、模缝 CAD、家纺 CAD、花稿 CAD。服装 CAD 包含打版系统、放码系统、排料系统，以及工艺单系统和超级排料系统等。

（5）深圳市布易科技有限公司的 ET System　其中服装 CAD 系统包含打版、推版、排料等。

（6）北京六合科技有限公司的至尊宝坊　其产品主要包含打版系统、推档系统、排料系统和服装款式系统、工艺单制作系统等。

（四）服装 CAD 系统的特点

（1）集成化　服装生产的全面自动化已成为当今服装产业发展的必然趋势，因此服装 CAD 系统与服装企业计算机集成制造系统（CIMS）、服装电子贸易相结合在服装业中迅速发展。

（2）立体化　随着计算机图形学和几何造型的发展，研究和开发实用的三维试衣系统，能够实现由平面样板到三维的成衣，直观地看到着装效果，从而更好地为服装设计服务。

（3）智能化　集中优秀服装设计师、制版师、推版师、排料师的成功经验，设置丰富的素材库，使服装 CAD 系统达到智能化、自动化。

（4）标准化　服装 CAD 系统的研究和开发具有一定的开放性和规范性，使得各系统的数据格式保持一致，能相互交流并传递信息。

（5）网络化　信息的及时获取、传送和快速反应，是服装企业生存和发展的基础。服装 CAD 系统的各种数据可以通过 Internet 网络进行传送，并与数据库技术相集成，以缩短产品开发周期、降低成本、提高质量、改进企业管理。

二、服装 CAD 在服装生产中的作用

从古至今，服装是人类文化的一个组成部分，人类为了适应不同的自然环境和社会环境，形成了不同的服装文化。这种文化随着社会历史的发展、生产水平的提高、科技的进步、经济文化的繁荣以及人们生活方式的改变而发展和变化。工业革命之前，服装业主要采用量体裁衣式的手工操作，发展为大批量的工业化生产方式，形成了服装的系列化、标准化

和商品化。当今人类社会进入到科学技术高度发展的信息化时代，人们对服装有了更高的要求，不仅注重舒适美观，更讲究风格独特，表现心灵的美好、修养的高雅。时装化、个性化的着装趋势使时装流行的周期越来越短，款式变化越来越快。多品种、小批量、短周期、变化快成为当今服装生产的主要特点。因此服装产业要适应国际化大市场快节奏、多品种的需求，以最低成本、最短时间向市场提供优质产品，必须采用高新技术来改造和提升生产效率，所以服装 CAD 技术在服装行业的推广应用是迅速提高纺织服装企业综合技术实力和市场竞争能力的一个重要途径。

运用服装 CAD 可以提高企业竞争优势，多品种小批量的生产特性迫使企业加快生产周期，加速各部门之间的有效沟通，预知生产数据及生产计划，降低库存资金占用，有效地与国际市场接轨，方便国际之间数据传输，有效控制生产成本，减轻生产人员工作压力，减少行政管理工作，有效地数据管理及数据查询，大量提高生产效率，提升时间空间效益，提高顾客满意度，提升服务品质。

服装 CAD 在服装生产中的作用有以下几点：

1. 加快产品上市周期，提升企业竞争力

从板型确立到数个规格样板推档，即全套的板型制作，服装企业人工制作通常需要的时间是 2 ～ 3 天，使用 CAD 只需 3 ～ 4 个小时即可，效率上提高了 600%，由于服装面料和款式的变化导致样板技术人员频繁地改变样板，计算缩水率，计算样板松量，据资料统计，企业使用 CAD 后，节约了大量时间，加快了产品的上市周期。

2. 面料的有效利用率提高，节约企业成本

服装企业的资金大部分积压在面料、辅料及库存产品中因为没有准确的用料计算，导致企业过多地采购面料，造成面料积压因为没有准确地用料计算，导致企业面料供应不及时，延误销售时机，因为没有精确地排料方案，导致企业无形中形成了资源浪费，那么使用服装 CAD 后以上问题可迎刃而解。使用 CAD 后，用料可以精确计算出，且据不完全统计。CAD 排料系统普遍提高 3% ～ 5% 用料率。

3. 样板的精度和准确进一步提高，更好地保证了产品质量

服装 CAD 系统不同于手工制版和推版，它不受铅笔粗细和各种尺子精密度的影响，从而做出的样板精度和准确度会更高，为后续工作做好了准备。

4. 节省人力资源，降低人员管理成本

使用服装 CAD 系统后，原本由多人的制版、推版、排料，现在 2 ～ 3 人即可完成。

第二节　服装 CAD 富怡 V9.0 系统安装及工具介绍

一、服装 CAD 的系统介绍与安装

（一）富怡 CAD V9.0 系统介绍

富怡 CAD V9.0 系统是用于服装、内衣、帽、箱包、沙发、帐篷等行业的专用制版、放码及排料的软件。该系统功能强大、操作简单、好学易用。可以极好地提高工作效率及产品质量，是现代服装企业必不可少的工具，也是近几年国内省级、市级、国家级服装技能大赛

经常使用的一款服装 CAD 软件。它可以在计算机上制版、放码、排料，也能将手工纸样通过数码相机或数字化仪读入计算机，然后再进行改版、放码、排料、绘图，也可以读入手工放好码的纸样。

（二）富怡 CAD V9.0 安装

目前富怡 CAD V9.0 有企业版、高校版、学习版三个版本。其中企业版包含 DGS（自动打版、自由打版、放码）；PDS（公式法打版、自动放码）；GMS（排料）三个部分。实现打版（制版）、放码的要求，继承富怡 V8 的实用功能，提供更加丰富的使用工具；高校版主要用于学校的教学软件，可以在计算机上打版、放码，也能将手工纸样通过数码相机或数字化仪读入计算机，之后再进行改版、放码、排料、绘图，也能读入手工放好码的纸样。而 V9 学习版 CAD 包含 DGS（自动打版、自由打版、放码）和 GMS（排料）两个部分。V9 学习版供广大版师、富怡爱好者学习使用，没有素材库，也不能输出，不能打开企业版、电商版本文件，不能接读图仪、绘图仪、切割机等外接设备。

下面以企业版和学习版为例，分别来说明它的安装步骤：

1. 企业版的安装步骤

（1）关闭所有正在运行的应用程序。

（2）把富怡安装光盘插入光驱。

（3）打开光盘，运行 setup。

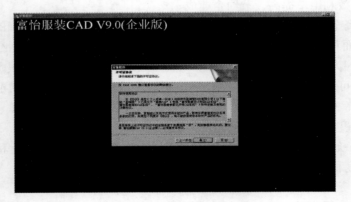

（4）单击"是"。

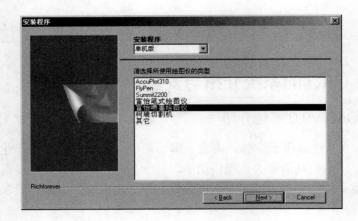

（5）选择需要的版本，如选择"单机版"（如果是网络版用户，请选择网络版），单击"Next"按钮。

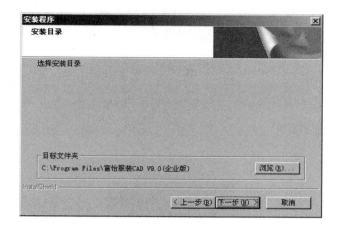

（6）单击"下一步"按钮（也可以单击"浏览"按钮重新定义安装路径）。

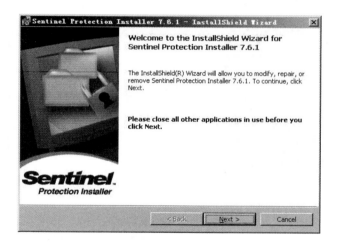

（7）单击"Next"按钮，弹出下列对话框。

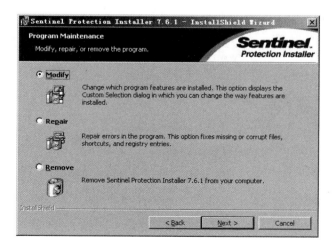

（8）继续单击"Next"，直至出现下列对话框。

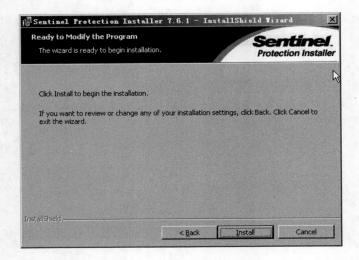

（9）然后单击"Install"按钮。

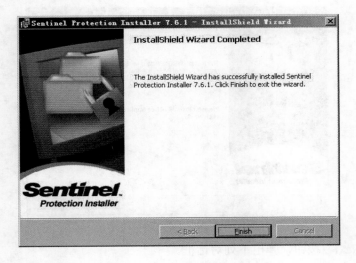

（10）单击"Finish"按钮，在计算机插上加密锁软件即可运行程序。

2．学习版的安装步骤

（1）从富怡官方网站（http://www.richforever.cn）下载软件到 D 盘。

服装CAD V9(学习版) 免费

用于服装行业的专用出版、放码及排版的软件。可以在计算机
出版、放码，之后再进行改版、放码、排版。V9 学习版CAD

›软件下载　›驱动下载　›视频下载　›说明书下载

（2）解压到下载所在的文件夹。

fzcadv9%28xuexiban%29

v9 study

（3）点击  setup 图标进行安装。

data1	2013/8/28 16:09	好压 CAB 压缩文件	516 KB
data1	2013/8/28 16:09	.HDRfile	164 KB
data2	2013/8/28 16:09	好压 CAB 压缩文件	66,536 KB
engine32	2013/8/28 16:09	好压 CAB 压缩文件	409 KB
layout.bin	2013/8/28 16:09	BIN 文件	1 KB
setup.boot	2013/8/28 16:09	BOOT 文件	397 KB
setup	2013/8/28 16:09	应用程序	105 KB
setup	2013/8/28 16:09	配置设置	1 KB
setup.inx	2013/8/28 16:09	INX 文件	186 KB

（4）选择安装语言，中文简体。

（5）安装协议选择"是"。

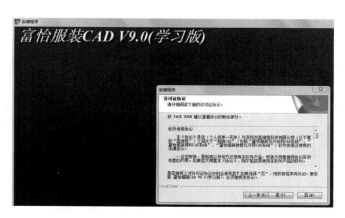

（6）选择安装目录。

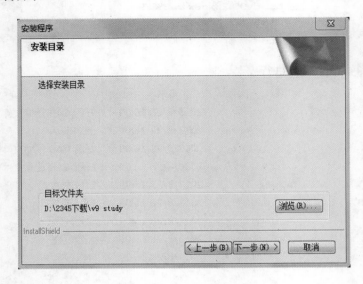

（7）最后安装完成，在桌面上显示图标的快捷方式。

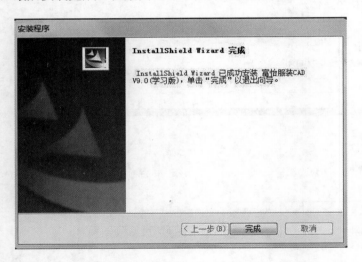

（8）最后这里需要注意，安装后打开软件，如果显示路径不正确，那么需要在菜单栏"文件"里"另存为"更改保存路径到软件下载盘内。

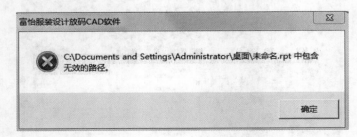

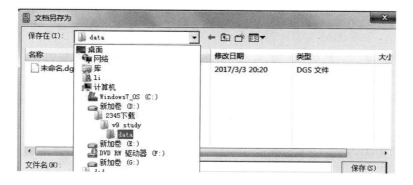

企业版和高校版根据其使用情况，还要进行绘图仪和数字化仪的安装。

（三）富怡 CAD 绘图仪的安装

（1）关闭计算机和绘图仪电源；

（2）用串口线 / 并口线 /USB 线把绘图仪与计算机主机连接；

（3）打开计算机；

（4）根据绘图仪的使用手册，进行开机和设置操作。

注意：

（1）禁止在计算机或绘图仪开机状态下，插拔串口线 / 并口线 /USB 线；

（2）接通电源开关之前，确保绘图仪处于关机状态；

（3）连接电源的插座应良好接触。

（四）富怡 CAD 数字化仪的安装

（1）关闭计算机和数字化仪电源；

（2）把数字化仪的串口线与计算机连接；

（3）打开计算机；

（4）根据数字化仪使用手册，进行开机及相关的设置操作。

注意：

（1）禁止在计算机或数字化仪开机状态下，插拔串口线；

（2）接通电源开关之前，确保数字化仪处于关机状态；

（3）连接电源的插座应良好接触。

二、富怡 V9.0 系统工具介绍

1. 系统界面介绍

鼠标左键单击打版放码系统图标 ，进入界面。

可以用鼠标左键拖动快捷工具栏、设计工具栏、放码工具栏、纸样工具栏，调整它们在界面中的位置。

（1）存盘路径：主要显示当前制作的样板的保存路径，及其样板名称。

（2）菜单栏：该区是放置菜单命令的地方，且每个菜单的下拉菜单中又有各种命令。单击菜单时，会弹出一个下拉式列表，可用鼠标单击选择一个命令。也可以按住 Alt 键并敲菜单后的对应字母，菜单即可选中，再用方向键选中需要的命令。例如：文件的保存、更改路径、系统设置、快捷工具栏、设计工具栏、纸样工具栏的显示都在菜单栏里。

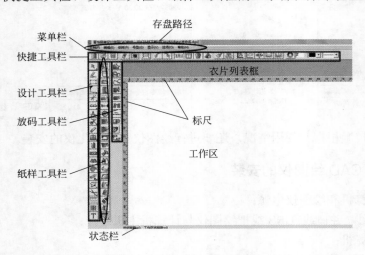

（3）快捷工具栏：用于放置常用命令的快捷图标，为快速完成设计与放码工作提供了极大的方便。例如：新建、打开文件、保存，以及常用的工具从这里进行展示。

（4）设计工具栏：这里的工具主要用于绘制样板基础线，以及省和褶的制作，拾取样片生成样板。

（5）纸样工具栏：主要是对生成的样片进行缝份的修改，丝缕方向、扣子、扣眼、文字标记、定位标记的修改与添加等。

（6）放码工具栏：对纸样进行退档放缩。

（7）衣片列表框：用于放置当前款式中的纸样。每一个纸样放置在一个小格的纸样框中，纸样框布局可通过选项—系统设置—界面设置—纸样列表框布局改变其在界面中的位置。衣片列表框中放置了本款式的全部纸样，纸样名称、份数和次序号都显示在这里，拖动纸样可以对顺序调整，不同的布料显示不同的背景色。

（8）工作区：所有的纸样均在这个区域显示出来，相当于我们的样板纸，但是它的区域可以无限大。

（9）标尺：显示当前使用的度量单位。

（10）状态栏：把光标放在工具上时软件最底部会显示当前选中的工具名称，选中工具时会提示操作。

2．在软件操作中的专业术语的含义

（1）单击左键：是指按下鼠标的左键并且在还没有移动鼠标的情况下放开左键。

（2）单击右键：是指按下鼠标的右键并且在还没有移动鼠标的情况下放开右键。还表示某一命令的操作结束。

（3）双击右键：是指在同一位置快速按下鼠标右键两次。

（4）左键拖拉：是指把鼠标移到点、线图元上后，按下鼠标的左键并且保持按下状态移动鼠标。

（5）右键拖拉：是指把鼠标移到点、线图元上后，按下鼠标的右键并且保持按下状态移动鼠标。

（6）左键框选：是指在没有把鼠标移到点、线图元上前，按下鼠标的左键并且保持按下状态移动鼠标。如果距离线比较近，为了避免变成左键拖拉可以通过在按下鼠标左键前先按下 Ctrl 键。

（7）右键框选：是指在没有把鼠标移到点、线图元上前，按下鼠标的右键并且保持按下状态移动鼠标。如果距离线比较近，为了避免变成右键拖拉可以通过在按下鼠标右键前先按下 Ctrl 键。

（8）点（按）：表示鼠标指针指向一个想要选择的对象，然后快速按下并释放鼠标左键。

（9）单击：没有特意说用右键时，都是指左键。

（10）框选：没有特意说用右键时，都是指左键。

（11）F1 ～ F12：指键盘上方的 12 个按键。

（12）Ctrl + Z：指先按住 Ctrl 键不松开，再按 Z 键。

（13）Ctrl + F12：指先按住 Ctrl 键不松开，再按 F12 键。

（14）Esc 键：指键盘左上角的 Esc 键。

（15）Delete 键：指键盘上的 Delete 键。

（16）箭头键：指键盘右下方的四个方向键（上、下、左、右）。

3. 快捷键、鼠标滑轮及键盘介绍

（1）快捷键

A 调整工具	B 相交等距线	C 圆规	D 等份规	E 橡皮擦	F 智能笔	G 移动	J 对接
K 对称	L 角度线	M 对称调整	N 合并调整	P 点	Q 等距线	R 比较长度	S 矩形
T 靠边	V 连角	W 剪刀	Z 各码对齐	Ctrl+N 新建	Ctrl+O 打开	Ctrl+S 保存	Ctrl+A 另存为
Ctrl+C 复制纸样	Ctrl+V 粘贴纸样	Ctrl+D 删除纸样	Ctrl+G 清除纸样放码量	Ctrl+E 号型编辑	Ctrl+F 显示/隐藏放码点	Ctrl+K 显示/隐藏非放码点	Ctrl+J 颜色填充/不填充纸样
Ctrl+H 调整时显示/隐藏弦高线	Ctrl+R 重新生成布纹线	Ctrl+B 旋转	Ctrl+U 显示临时辅助线与掩藏的辅助线	Shift+C 剪断线	Shift+U 掩藏临时辅助线、部分辅助线	Shift+S 线调整	Ctrl+Shift+Alt+G 删除全部基准线
F3 显示/隐藏两放码点间的长度	F4 显示所有号型/仅显示基码	F5 切换缝份线与纸样边线	F7 显示/隐藏缝份线	F8 显示下一个号型	F9 匹配整段线/分段线	Shift+F8 显示上一个号型	F10 显示/隐藏绘图纸张宽度
F11 匹配一个码/所有码	F12 工作区所有纸样放回纸样窗	Ctrl+F7 显示/隐藏缝份量	Ctrl+F10 一页里打印时显示页边框	Ctrl+F11 1∶1 显示	Ctrl+F12 纸样窗所有纸样放入工作区	Shift+F12 纸样在工作区的位置关联/不关联	

（2）鼠标滑轮　在选中任何工具的情况下，向前滚动鼠标滑轮，工作区的纸样或结构线向下移动；向后滚动鼠标滑轮，工作区的纸样或结构线向上移动。

（3）键盘介绍

① 按下 Shift 键：向前滚动鼠标滑轮，工作区的纸样或结构线向右移动；向后滚动鼠标滑轮工作区的纸样或结构线向左移动。

② 键盘方向键：按上方向键，工作区的纸样或结构线向下移动；按下方向键，工作区的纸样或结构线向上移动；按左方向键，工作区的纸样或结构线向右移动；按右方向键，工作区的纸样或结构线向左移动。

③ 小键盘 + −：小键盘 + 键，每按一次此键，工作区的纸样或结构线放大显示一定的比例；小键盘 − 键，每按一次此键，工作区的纸样或结构线缩小显示一定的比例。

④ 空格键功能：在选中任何工具情况下，把光标放在纸样上，按一下空格键，即可变成移动纸样光标；用选择纸样控制点工具，框选多个纸样，按一下空格键，选中纸样可一起移动；在使用任何工具情况下，按下空格键（不弹起）光标转换成放大工具，此时向前滚动鼠标滑轮，工作区内容就以光标所在位置为中心放大显示，向后滚动鼠标滑轮，工作区内容就以光标所在位置为中心缩小显示，击右键为全屏显示操作过的所有辅助线和纸样。

第二章

富怡 CAD V9.0 打版系统

本章主要讲解打版系统工具的性能和操作方法，为后面实例练习做准备。

第一节 菜单栏

单击菜单时，会弹出一个下拉式列表，可用鼠标单击选择一个命令；也可以按住 Alt 键并敲菜单后的对应字母，即可选中，再用方向键选中需要的命令。

| 文档(F) | 编辑(E) | 纸样(P) | 号型(G) | 显示(V) | 选项(O) | 帮助(H) |

1. 文档

（1）"新建""打开""保存""另存为"，这四个命令的操作方法和 Word 文档的操作一样。

（2）保存到图库：与  加入 / 调整工艺图片工具配合制作工艺图库。

（3）安全恢复：由于电脑意外关闭而没有来得及保存的文件，单击该命令后就会弹出"安全恢复"对话框，显示安全恢复位置。单击要恢复的位置即可，但是为了使得安全恢复有效，必须在"选项"—"系统设置"—"自动备份"里勾选"使用自动备份"才可以。

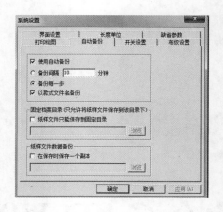

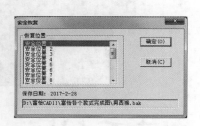

（4）档案合并：把文件名不同的档案合并在一起。

（5）自动打版：这个是运用公式法打版，单击该工具就会弹出"选择款式"对话框；选中款式，单击确定；再次弹出"自动打版"对话框，在尺寸表里修改成想要的尺寸；再次单击"确定"，就在工作区出现修改好尺寸的样板。

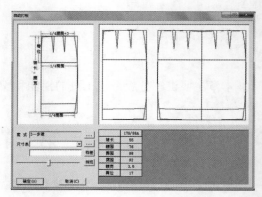

（6）取消文件加密：取消文件加密。

（7）打开 AAMA/ASTM、TIIP、AutoCAD DXF 格式的文件：表明可以打开以上格式的文件。

其中 AAMA/ASTM 格式是国际通用格式；TIIP 是日本文件格式。

（8）打开格柏（GGT）款式：用于打开格柏输出的文件。

（9）输出 AAMA/ASTM 文件：把本软件文件转成 ASTM 格式文件。

（10）输出 AutoCAD 文件：表明可以输出以上格式文件。

（11）打印号型规格表：该命令用于打印号型规格表。

（12）打印纸样信息单：用于打印纸样的详细资料，如纸样的名称、说明、面料、数量等。

（13）打印总体资料单：用于打印所有纸样的信息资料，并集中显示在一起。

（14）打印纸样：用于在打印机上打印纸样或草图。

（15）打印机设置：用于设置打印机型号、纸张大小及方向。

（16）输出纸样清单到 Excel：把与纸样相关的信息，如纸样名称、代码、说明、份数、缩水率，周长、面积、纸样图等输入到 Excel 表中，并生成".xls"格式的文件。

（17）数化板设置：

数化板菜单是本系统设置的一个读图菜单，打印出来后贴在数化板的一角，方便鼠标在数化板上直接输入纸样信息。具体如何设置请参考下图。

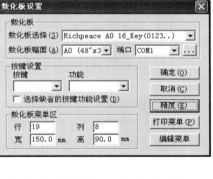

① 数化板选择：本栏不需要选择型号，软件在出厂前，厂商已根据用户所用数化板型号设置好。

② 数化板幅面：用于设置数化板的规格。

③ 端口：用于选择数化板所连接的端口的名称。

④ 按键设置：用于设置十六键鼠标上各键的功能。

⑤ 选择缺省的按键功能设置：勾选后数化板鼠标的对应键将采用系统默认的缺省设置。

⑥ 数化板菜单区：用于设置数化板菜单区的行、列。

⑦ 精度：用于调整读图板的读图精度。方法：手工画一个 50cm×50cm 的矩形框，通过数化板读入计算机中，把实际测量出的横纵长度，输入至调整精度的对话框中即可。

⑧ 打印菜单：在设定完菜单区的行和列后，单击该按钮，系统就会自动打印出数化板菜单。

⑨ 编辑菜单：单击"编辑菜单"，会弹出多个自由编辑区，在此可设置常用的纸样名称，方便在读图时直接把纸样名读入，一个编辑区设置一个纸样名。

单击文档菜单—退出，也可以单击标题栏的关闭按钮，这时如果打开的文件没有保存，会弹出一个对话框，问是否保存。单击"否"，则直接关闭系统，单击"是"，如果文档一次也没保存过，则会出现文档另存为对话框，选择好路经后单击"保存"，则关闭系统，如果原来保存过，只是最近几步操作没保存，单击"是"，则文件会以原路径保存并关闭系统。

2．编辑

（1）剪切纸样：该命令与粘贴纸样配合使用，把选中纸样剪切剪贴板上。

（2）复制纸样：该命令与粘贴纸样配合使用，把选中纸样复制剪贴板上。

（3）粘贴纸样：该命令与复制纸样配合使用，使复制在剪贴板的纸样粘贴在目前打开的文件中。

（4）辅助线点都变放码点：将纸样中的辅助线点都变成放码点。

（5）辅助线点都变非放码点：将纸样内的辅助线点都变非放码点。操作与辅助线点都变放码点相同。

（6）自动排列绘图区：把工作区的纸样进行按照绘图纸张的宽度排列，省去手动排列的麻烦。

（7）记忆工作区纸样位置：当工作区中纸样排列完毕，执行"记忆工作区中纸样位置"，系统就会记忆各纸样在工作区的摆放位置，方便再次应用。

（8）恢复工作区纸样位置：对已经执行"记忆工作区中纸样位置的文件"，再打开该文件时，用该命令可以恢复上次纸样在工作区中的摆放位置。

（9）复制位图：该命令与▦加入／调整工艺图片配合使用，将选择的结构图以图片的形式复制在剪贴板上。

（10）纸样生成图片：将纸样生成单独的一个个图片或所有的纸样生成一个图片。

（11）清除多余点：清除纸样上多余的点或纸样上控制点太少时加一些点。常用于处理导入的其他非富怡文件。

（12）按号型分开选中纸样：把网状的纸样（放码纸样）分开单码显示。该功能常用于绘图。

3．纸样

（1）款式资料：用于输入同一文件中所有纸样的共同信息。在款式资料中输入的信息可以在布纹线上下显示，并可传送到排料系统中随纸样一起输出。

（2）纸样资料：编辑当前选中纸样的详细信息。快捷方式：在衣片列表框上双击纸样。

（3）总体数据：查看文件不同布料的总的面积或周长，以及单个纸样的面积、周长。

（4）删除当前选中纸样：将工作区中的选中纸样从衣片列表框中删除。

（5）删除工作区所有纸样：将工作区中的全部纸样从衣片列表框中删除。

（6）清除当前选中纸样：清除当前选中的纸样的修改操作，并把纸样放回衣片列表框中。用于多次修改后再回到修改前的情况。

（7）清除纸样放码量：用于清除纸样的放码量。

（8）清除纸样的辅助线放码量：用于删除纸样辅助线的放码量。

（9）清除纸样拐角处的剪口：用于删除纸样拐角处的剪口。

（10）清除纸样中文字：清除纸样中用 $\boxed{T}$ 工具写上的文字（注意：不包括布纹线上下的信息文字）。

（11）删除纸样所有辅助线：用于删除纸样的辅助线。

（12）删除纸样所有临时辅助线：用于删除纸样所有临时辅助线。

（13）移出工作区全部纸样：将工作区全部纸样移出工作区。

（14）全部纸样进入工作区：将纸样列表框的全部纸样放入工作区。

（15）重新生成布纹线：恢复编辑过的布纹线至原始状态。

（16）辅助线随边线自动放码：将与边线相接的辅助线随边线自动放码。

（17）边线和辅助线分离：使边线与辅助线不关联。使用该功能后选中边线点入码时，辅助线上的放码量保持不变。

（18）做规则纸样：做圆形或矩形纸样。

（19）生成影子：将选中纸样上所有点线生成影子，方便在改版后可以看到改版前的影子。

（20）删除影子：删除纸样上的影子。

（21）显示／掩藏影子：用于显示／掩藏影子。

（22）移动纸样到结构线位置：将移动过的纸样再移到结构线的位置。

（23）纸样生成打版草图：将纸样生成新的打版草图。

（24）角度基准线：在纸样上定位。如在纸样上定袋位、腰位。

4．号型

（1）号型编辑：编辑号型尺码及颜色，以便放码；可以输入服装的规格尺寸，方便打版、自动放码时采用数据，同时也就备份了详细的尺寸资料。

（2）尺寸变量：该对话框用于存放线段测量的记录。

5．显示

（1）状态栏：如果该命令前有√显示，把光标放在工具上时软件最底部会显示当前选中的工具名称，选中工具时会提示操作。

（2）款式图：如果该命令前有√显示，且如下图所示打开的文件在款式资料中设置了款式图所在路径，款式图片就会显示界面上，否则该命令前即使有√显示，界面上只会显示。把光标放在款式图的右下角，可把图成比例的放大或缩小。

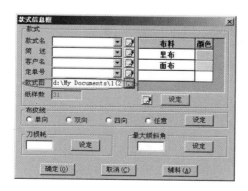

（3）标尺：如果该命令前有√显示，则标尺就会显示，否则没有。

（4）衣片列表框、快捷工具栏、设计工具栏、纸样工具栏：如果这几个命令前有√显示，则衣片列表框就会显示在软件界面上。

（5）自定义工具栏：如果该命令前有√显示，并且在软件自定义工具栏中设置了工具图标，则软件界面就有上列该工具条工具显示，否则两者缺其一都不能显示工具。

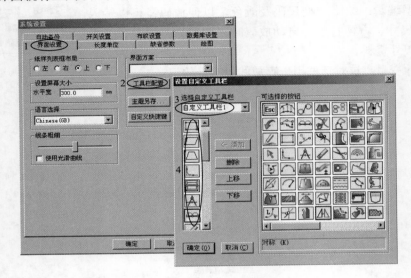

（6）显示辅助线：如果该命令前有√显示，则辅助线就会显示，否则不会显示。

（7）显示临时辅助线：如果该命令前有√显示，则设置的临时辅助线就会显示，否则不会显示。

（8）显示缝迹线：如果该命令前有√显示，则用 缝迹线工具做出的线就会显示，否则不会显示。

（9）显示绗缝线：如果该命令前有√显示，用 绗缝线工具做出的线就会显示，否则不会显示。

（10）显示基准线：如果该命令前有√显示，则基准线就会显示，否则没有。

（11）显示放码标注：如果该命令前有√显示，则放码标注就会显示，否则没有。

（12）显示错误信息框：如果该命令前有√显示，如果纸样出了问题如纸样的边线扭曲、布纹线超出纸样边界或两样的缝份关联的，不正确就会有错误信息框提示。

6．选项

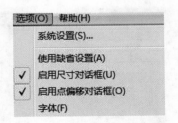

（1）系统设置：系统设置中有多个选项卡，可对系统各项进行设置。

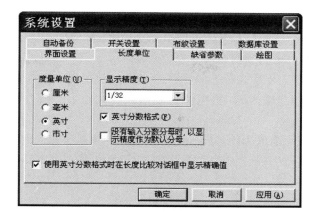

① 开关设置选项卡：

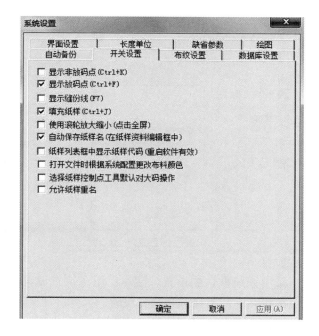

a. 显示非放码点（Ctrl+K）：勾选则显示所有非放码点，反之不显示。

b. 显示放码点（Ctrl+F）：勾选则显示所有放码点，反之不显示。

c. 显示缝份线（F7）：勾选则显示所有缝份线，反之不显示。

d. 填充纸样（Ctrl+J）：勾选则纸样有颜色填充，反之没有。

e. 使用滚轮放大缩小（点击全屏）：勾选则鼠标滚轮向后滚动为放大显示，向前滚动为缩小显示，反之为移动屏幕。

f. 自动保存纸样名（在纸样资料编辑框中）：勾选该选项，在纸样资料对话框中新输入的纸样名会自动保存，否则不会被保存。

g. 纸样列表框中显示纸样代码（重启软件有效）：勾选该选项，重启软件后，纸样资料对话中输入的纸样代码会显示在纸样列表框中，反之不显示。

h. 打开文件时根据系统配置更改布料颜色：把计算机 A 的布料颜色设置好，并把该台计算机富怡安装目录下 DATA 文件中的 "MaterialColor.dat" 文件复制粘贴在计算机 B 的富怡安装目录下 DATA 文件中，并且在系统设置中勾选该选项，则在计算机 B 中打开文件布料颜色显示的与计算机 A 中布料的颜色显示一致。

i. 选择纸样控制点工具默认对大码操作：指用点放码表放码，勾选该选项，盲输入时（选择纸样控制点后，随意输入），数据默认是输入在大码上的；否则，数据是输入在小码上的。

j. 允许纸样重名：勾选该选项，同一文件中的纸样可以有相同的文件名。否则，文件名只能不相同。

② 布纹设置：

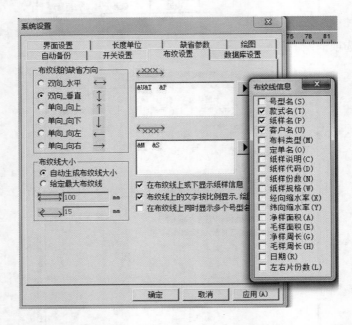

（2）使用缺省设置：采用系统默认的设置。注意：用了缺省设置，系统中改过的设置就会相应的改变。建议在正常状态下，不要选择缺省设置。

（3）启用尺寸对话框：该命令前面有√显示，画指定长度线或定位或定数调整时可有对话框显示，反之没有。

（4）启用点偏移对话框：该命令前面有√显示，用调整工具单击左键调整放码点时有对话框，反之没有。

（5）字体：用来设置工具信息提示、文字、布纹线上的字体、尺寸变量的字体等的字形和大小，也可以把原来设置过的字体再返回到系统默认的字体。

7. 帮助

关于富怡 DGS：用于查看应用程序版本、VID、版权等相关信息。

第二节　快捷工具栏

1．新建
新建一个空白文档。

2．打开
用于打开储存的文件。

3．保存
用于储存文件。

4．读纸样
借助数化板、鼠标，可以将手工做的基码纸样或放好码的网状纸样输入到计算机中。
操作方法：
第一种：读基码纸样。
（1）用胶带把纸样贴在数化板上；
（2）单击 图标，弹出"读纸样"对话框，用数化板的鼠标的＋字准星对准需要输入的点（参见十六键鼠标各键的预置功能），按顺时针方向依次读入边线各点，按"2"键纸样闭合；
（3）这时会自动选中开口辅助线 （如果需要输入闭合辅助线单击 ，如果是挖空纸样单击 ），根据点的属性按下对应的键，每读完一条辅助线或挖空一个地方或闭合辅助线，都要按一次"2"键；
（4）根据附表中的方法，读入其他内部标记；
（5）单击对话框中的"读新纸样"，则先读的一个纸样出现在纸样列表内，读纸样对话框空白，此时可以读入另一个纸样；
（6）全部纸样读完后，单击"结束读样"。
第二种：读放码纸样。
（1）单击"号型菜单"—"号型编辑"，根据纸样的号型编辑后并指定基码，单击"确定"；
（2）把各纸样按从小码到大码的顺序，以某一边为基准，整齐地叠在一起，将其固定在数化板上；
（3）单击"图标"，弹出"读纸样"对话框，先用"1"键输入基码纸样的一个放码点，再用"E"键按从小码到大码顺序（跳过基码）读入与该点相对应的各码放码点；
（4）参照上述方法，输入其他放码点，非放码点只需读基码即可；
（5）输入完毕，最后用"2"键完成。
十六键鼠标各键的预置功能说明：
1键：直线放码点；2键：闭合／完成；3键：剪口点；4键：曲线非放码点；5键：省／褶；
6键：钻孔（十字叉）；7键：曲线放码点；8键：钻孔（十字叉外加圆圈）；9键：眼位；
0键：圆；A键：直线非放码点；B键：读新纸样；C键：撤消；D键：布纹线；E键：放码；
F键：辅助键（用于切换 的选中状态）。

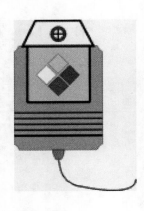

5. 数码输入

打开用数码相机拍的纸样图片文件或扫描图片文件。比数字化仪读纸样效率高。

6. 绘图

按比例绘制纸样或结构图。

操作方法：

（1）把需要绘制的纸样或结构图在工作区中排好，如果是绘制纸样也可以单击"编辑"—"自动排列绘图区"；

（2）按"F10"键，显示纸张宽边界（若纸样出界，布纹线上有圆形红色警示，则需把该纸样移入界内）；

（3）单击该图标，弹出"绘图"对话框；

（4）选择需要的绘图比例及绘图方式，在不需要绘图的尺码上单击使其没有颜色填充；

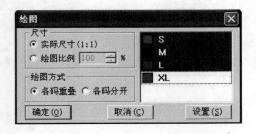

（5）单击"设置"，弹出"绘图仪"对话框，在对话框中设置当前绘图仪型号、纸张大小、预留边缘、工作目录等，单击"确定"，返回"绘图"对话框；

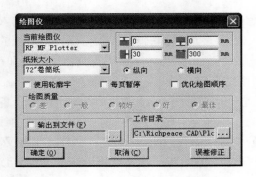

（6）单击"确定"即可绘图。

注意：

（1）在绘图中心中设置连接绘图仪的端口；

（2）要更改纸样内外线输出线型、布纹线、剪口等的设置，则需在"选项"—"系统设置"—"打印绘图"设置。

7．撤消　

用于按顺序取消做过的操作指令，每按一次可以撤消一步操作。

8．重新执行　

把撤消的操作再恢复，每按一次就可以复原一步操作，可以执行多次。

9．显示 / 隐藏变量标注　

同时显示或隐藏所有的变量标注。

操作方法：

（1）用　比较长度、　测量两点间距离工具记录的尺寸；

（2）单击　，选中为显示，没选中为隐藏。

10．显示 / 隐藏结构线　

单击该图标，图标凹陷为显示结构线；再次单击，图标凸起为隐藏结构线。

11．显示 / 隐藏纸样　

单击该图标，图标凹陷为显示纸样；再次单击，图标凸起为隐藏纸样。

12．仅显示一个纸样　

选中该图标时，工作区只有一个纸样并且以全屏方式显示，也即纸样被锁定。没选中该图标，则同时可以显示多个纸样；纸样被锁定后，只能对该纸样操作，这样可以排除干扰，也可以防止对其他纸样的误操作。

13．将工作区的纸样收起　

用　选中纸样需要收起的纸样；单击该图标，则选中纸样被收起。

14．纸样按查找方式显示　

按照纸样名或布料把纸样窗的纸样放置在工作区中，便于检查纸样。

15．点放码表　

对单个点或多个点放码时用的功能表。

16．放码表　

用该表可以用输入线的方式来放码。

17．方向键放码　

用键盘方向键对纸样上的放码点进行放码。

18．定型放码　

用该工具可以让其他码的曲线的弯曲程度与基码的一样。

操作方法：

（1）用选择工具，选中需要定型处理的线段；

（2）单击定型放码图标即可。

19．等幅高放码　

两个放码点之间的曲线按照等高的方式放码。

操作方法：

（1）用选择工具，选中需要等幅高处理的线段；

（2）单击等幅高放码图标即可。

20．颜色设置 ⊙

用于设置纸样列表框、工作视窗和纸样号型的颜色。

21．等份数 2

用于等分线段，数字是多少就会把线段等分成多少等份。

22．线颜色 ■ ▾

用于设定或改变结构线的颜色。

23．线类型 —— ▾

用于设定或改变结构线类型。

24．播放演示 ▧

选中该图标，再单击任意工具，就会播放该工具的视屏录像。

25．帮助 ▨

选中该工具，再单击任意工具图标，就会弹出富怡设计与放码 CAD 系统在线帮助对话框，在对话框里会告知此工具的功能和操作方法。

第三节　设计工具栏

1．调整工具 ▨

用于调整曲线的形状，查看线的长度，修改曲线上控制点的个数，曲线点与转折点的转换，改变钻孔、扣眼、省、褶的属性。

操作方法：

（1）调整单个控制点

① 用该工具在曲线上单击，线被选中，单击线上的控制点，拖动至满意的位置，单击即可。当显示弦高线时，此时按小键盘数字键可改变弦的等份数，移动控制点可调整至弦高线上，光标上的数据为曲线长和调整点的弦高 (显示 / 隐藏弦高：Ctrl + H)。

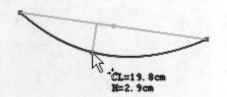

调整曲线上的控制点

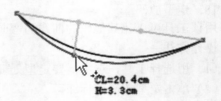

按数字键并调整控制点位置

② 定量调整控制点：用该工具选中线后，鼠标左键单击线，然后把光标移在控制点上，敲回车键出现下面对话框，输入要调整的量即可。

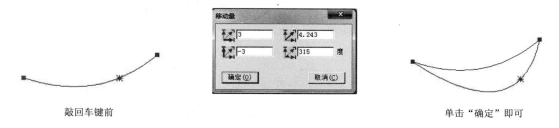

敲回车键前　　　　　　　　　　　　　　　　　　　　　　单击"确定"即可

③ 在线上增加控制点、除曲线或折线上的控制点：单击曲线或折线，使其处于选中状态，在没点的位置用左键单击为加点（或按 Insert 键），或把光标移至曲线点上，按 Insert 键可使控制点可见，在有点的位置单击右键为删除（或按 Delete 键）。

④ 在选中线的状态下，把光标移至控制点上按 Shift 键可在曲线点与转折点之间切换；在曲线与折线的转折点上，如果把光标移在转折点上单击鼠标右键，曲线与直线的相交处自动顺滑，在此转折点上如果按 Ctrl 键，可拉出一条控制线，可使得曲线与直线的相交处顺滑相切。

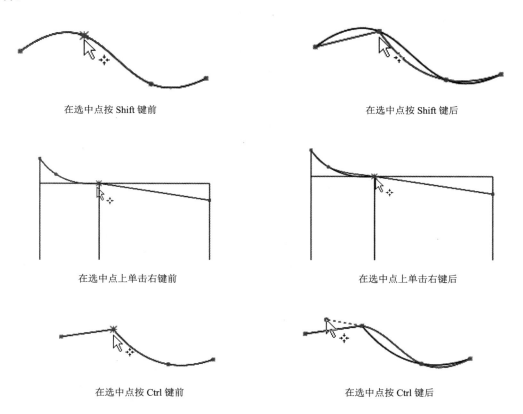

在选中点按 Shift 键前　　　　　　　　　　　　　在选中点按 Shift 键后

在选中点上单击右键前　　　　　　　　　　　　　在选中点上单击右键后

在选中点按 Ctrl 键前　　　　　　　　　　　　　在选中点按 Ctrl 键后

⑤ 用该工具在曲线上单击，线被选中，敲小键盘的数字键，可更改线上的控制点个数。

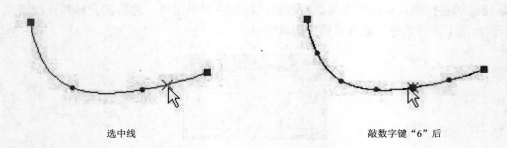

选中线 敲数字键"6"后

（2）调整多个控制点

① 按比例调整多个控制点。

情况一：如图 1 所示，调整点 N 时，点 M、点 P 按比例调整。

操作方法：

a. 在结构线上调整，先把十字叉光标移到线上 M 点，如图 1，然后按鼠标左键从 M 点拖动到 N 点，松开鼠标，变为平行拖动，如图 2 所示。

b. 按 Shift 键切换成按比例调整光标，单击点 N 并拖动，出现移动量对话框，如图 3 所示；（如果目标点是关键点，直接把点 N 拖至关键点即可。如果需在水平或垂直或在 45° 方向上调整按住 Shift 键即可，弹出比例调整如图 4 所示）。

c. 输入调整量，单击"确定"即可。

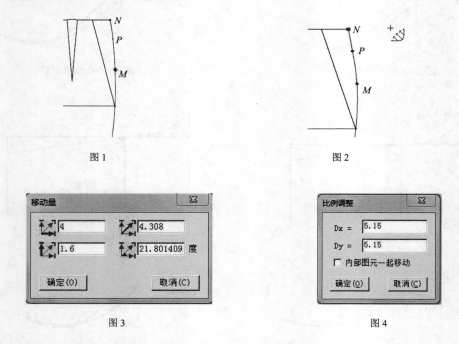

图 1 图 2

图 3 图 4

情况二：在纸样上按比例调整时，让控制点显示，操作与在结构线上类似。

② 平行调整多个控制点。

操作方法：鼠标左键拖选需要调整的点，光标变成平行拖动，单击其中的一点拖动，弹出移动量对话框如图 1 所示，输入适当的数值，"确定"即可，出现图 2。

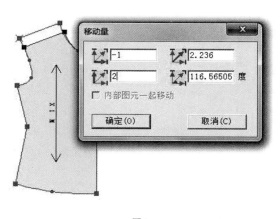
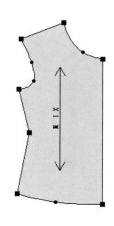

图1　　　　　　　　　　　　　　　　　　　　图2

注意：平行调整、比例调整的时候，如果没有勾选菜单栏中"选项"的"启用点偏移对话框"，那么"移动量"对话框不再弹出。

③ 移动框内所有控制点：左键框选，然后按回车键，会显示控制点，在对话框输入数据，单击"确定"。

注意：第一次框选为选中，再次框选为非选中。如果选中的为放码纸样，也可对仅显示的单个码框选调整。

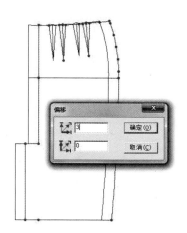

④ 只移动选中所有线：右键框选线按回车键，输入数据，单击"确定"即可。

（3）查看线的长度：把光标移在线上，即可显示该线的长度。

（4）修改钻孔（眼位或省褶）的属性及个数：用该工具在钻孔（眼位或省褶）上单击左键，可调整钻孔（眼位或省褶）的位置。单击右键，会弹出钻孔（眼位或省褶）的属性对话框，修改其中参数。

当把光标移动到调整工具上时，还在右侧显示工具。

2. 合并调整

将线段移动旋转后调整，常用于调整前后袖笼、下摆、省道、前后领窝线及肩点拼接处等位置的调整。适用于纸样、结构线。

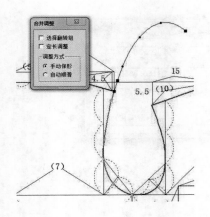

操作方法：

（1）用鼠标左键依次点选或框选要圆顺处理的前后袖窿弧线，单击右键；

（2）再依次点选或框选与曲线连接的前后肩线，单击右键，肩线合并，袖窿拼到一起，弹出合并调整对话框；

（3）根据需要选择一种调整方式，用左键可调整曲线上的控制点［如果调整公共点（肩端点）按 Shift 键，则该点在水平垂直方向移动］。

（4）调整满意后，单击右键。

3．对称调整

对纸样或结构线对称后调整，常用于对领的调整。

（1）单击或框选对称轴（或单击对称轴的起止点）；

（2）再框选或者单击要对称调整的线，单击右键；

（3）用该工具单击要调整的线，再单击线上的点，拖动到适当位置后单击；

（4）调整完所需线段后，单击右键结束。

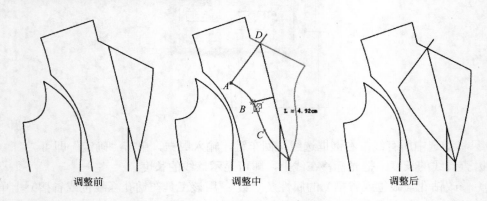

注意：进入对称调整之后，使用 Ctrl+H 切换是否显示弦高。

4．省褶合起调整

把纸样上的省、褶合并起来调整，只适用于纸样。

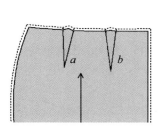 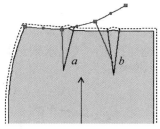 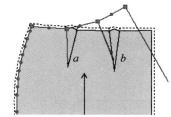

操作方法：

（1）用该工具依次单击省 *a*、省 *b*，然后单击右键；

（2）单击中心线、侧缝线，然后用该工具调整省合并后的腰线，合适后单击右键。

注意：

（1）如果在结构线上做的省褶形成纸样后，用该工具的前提是需要用"纸样工具栏"中相应的省 或褶 做成省元素或褶元素。

（2）该工具默认是省褶合起调整 $\bigvee$，按 Shift 键可切换成合并省 $\bigvee$。

5. 曲线定长调整

在曲线长度保持不变的情况下，调整其形状。对结构线、纸样均可操作。例如：袖窿弧长、裤子的前浪和后浪长度都可以用它来调整。

操作方法：

（1）用该工具单击曲线，曲线被选中；

（2）拖动控制点到满意位置单击即可。

6. 线调整

光标为 $\overset{+}{\curvearrowleft}$ 时可检查或调整两点间曲线的长度、两点间直度，也可以对端点偏移调整，光标为 $\overset{+}{\curvearrowright}*$ 时可自由调整一条线的一端点到目标位置上。适用于纸样、结构线。

操作方法：$\overset{+}{\curvearrowleft}$ 与 $\overset{+}{\curvearrowright}*$ 两光标用 Shift 键切换，光标 $\overset{+}{\curvearrowright}*$ 的快捷键是 Shift+S。

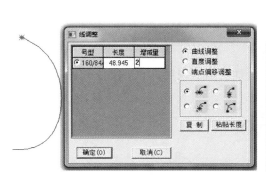 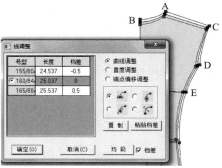

7. 智能笔

用来画线、作矩形、调整、调整线的长度、连角、加省山、删除、单向靠边、双向靠边、移动（复制）点线、转省、剪断（连接）线、收省、不相交等距线、相交等距线、圆规、三角板、偏移点（线）、水平垂直线、偏移等综合了多种功能。

操作方法：

（1）单击左键则进入画线工具。

① 在空白处或关键点或交点或线上单击，进入画线操作；

② 光标移至关键点或交点上，按回车以该点作偏移，进入画线类操作；

③ 在确定第一个点后，单击右键切换丁字尺（水平／垂直／45°线）、任意直线，用 Shift 键切换折线与曲线；

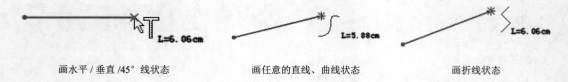

画水平／垂直／45°线状态　　　　　画任意的直线、曲线状态　　　　　画折线状态

④ 按下 Shift 键，单击左键则进入矩形工具。

（2）单击右键。

① 在线上单击右键则进入调整工具；

② 按下 Shift 键，在线上单击右键则进入调整线长度。在线的中间单击右键为两端不变，调整曲线长度。如果在线的一端单击右键，则在这一端调整线的长度。

在线的中间部分单击右键　　　　　　　　　　在线的一端单击右键

（3）左键框选。

① 如果左键框住两条线后单击右键为角连接。

鼠标在所示之处单击右键　　　　　　连角后的两线段

② 如果左键框选四条线后，单击右键则为加省山。说明：在省的那一侧单击右键，省底就向那一侧倒。

选中四条线　　　　　　　在省的左侧单击右键　　　　　　在省的右侧单击右键

③ 如果左键框选一条或多条线后，再按 Delete 键则删除所选的线。

④ 如果左键框选一条或多条线后，再在另外一条线上单击左键，则进入靠边功能，在需要线的一边单击右键，为单向靠边。如果在另外的两条线上单击左键，为双向靠边。

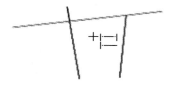

未单向靠边的两条线

靠边后的两条线

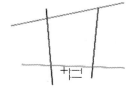

未双向靠边的两条线

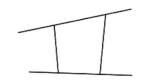

靠边后的两条线

⑤ 左键在空白处框选进入矩形工具。

⑥ 按下 Shift 键，如果左键框选一条或多条线后，单击右键为移动（复制）功能，用 Shift 键切换复制或移动，按住 Ctrl 键，为任意方向移动或复制。

⑦ 按下 Shift 键，如果左键框选一条或多条线后，单击左键选择线则进入转省功能。

（4）右键框选。

① 右键框选一条线则进入剪断（连接）线功能；

② 按下 Shift 键，右键框选一条线则进入收省功能。

（5）左键拖拉。

① 在空白处，用左键拖拉进入画矩形功能；

② 左键拖拉线进入不相交等距线功能，就是做平行线；

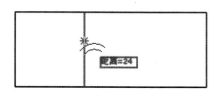

③ 在关键点上按下左键拖动到一条线上放开进入单圆规；

④ 在关键点上按下左键拖动到另一个点上放开进入双圆规；

⑤ 按下 Shift 键，左键拖拉线则进入相交等距线，再分别单击相交的两边；

拖腰线后

再单击两相交线

⑥ 按下 Shift 键，左键拖拉选中两点则进入三角板，再单击另外一点，拖动鼠标，做选中线的平行线或垂直线。

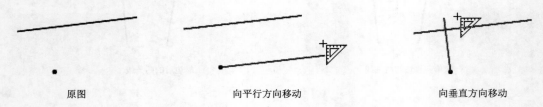

原图　　　　　　　　向平行方向移动　　　　　　　　向垂直方向移动

（6）右键拖拉。

① 在关键点上，右键拖拉进入水平垂直线（右键切换方向）；

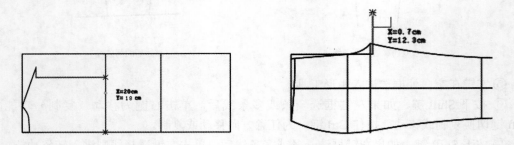

② 按下 Shift 键，在关键点上，右键拖拉点进入偏移点 / 偏移线（用右键切换保留点 / 线）。

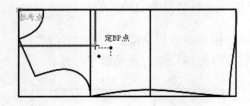

（7）回车键：取偏移点。

8. 矩形 ▭

用来作矩形结构线、纸样内的矩形辅助线。

操作方法：

（1）用该工具在工作区空白处或关键点上单击左键，当光标显示 X,Y 时，输入长与宽的尺寸（用回车输入长与宽，最后回车确定）；

（2）或拖动鼠标后，再次单击左键，弹出矩形对话框，在对话框中输入适当的数值，单击"确定"即可；

（3）用该工具在纸样上作出的矩形，为纸样的辅助线。

注意：

（1）如果矩形的起点或终点与某线相交，则会有两种不同的情况，其一为落在关键点上，将无 对话框弹出；其二为落在线上，将弹出点的位置对话框，输入数据，"确定"即可；

（2）起点或终点落关键点上时，可按 Enter 键以该点偏移。

9．圆角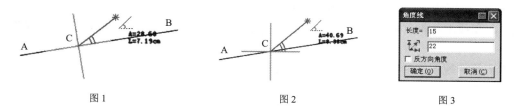

在不平行的两条线上，做等距或不等距圆角。用于制作西服前幅底摆，圆角口袋。适用于纸样、结构线。在线上移动光标，此时按 Shift 键在曲线圆角与圆弧圆角间切换，单击右键光标可在 ⁺⌐ 与 ⁺⌐ 切换（⁺⌐ 为切角保留，⁺⌐ 为切角删除）。

在圆角工具右下角的小三角还有其他工具：⌐⌒⌁○ 。

10．三点圆弧⌒

过三点可画一段圆弧线或画三点圆，适用于画结构线、纸样辅助线，按 Shift 键可切换图标⊹⌒与✳⌒。

11．CR 圆弧⌒

画圆弧、画圆。适用于画结构线、纸样辅助线，按 Shift 键可切换图标✳○与✳⌒。

12．椭圆○

在草图或纸样上画椭圆。

13．角度线✳⁄

作任意角度线，过线上（线外）一点作垂线、切线（平行线），结构线、纸样上均可操作；可以在已知直线或曲线上作角度线，也可以过线上一点或线外一点作垂线，也可过线上一点作该线的切线或过线外一点作该线的平行线。

（1）在已知直线或曲线上作角度线：如下图所示，点 C 是线 AB 上的一点。先单击线 AB，再单击点 C，此时出现两条相互垂直的参考线，按 Shift 键，两条参考线在图 1 与图 2 间切换；击右键可以切换角度起始边；在所需的情况下单击左键，弹出对话框图 3，输入线的长度及角度，点击确定即可。

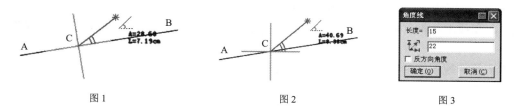

图 1　　　　　　　　图 2　　　　　　　　图 3

（2）过线上一点或线外一点垂线：如下图所示，先单击线，再单击点 A，此时出现两条相互垂直的参考线，按 Shift 键，切换参考线与所选线重合（图 4、图 5）；移动光标使其与所选线垂直的参考线靠近，光标会自动吸附在参考线上，单击弹出对话框；输入垂线的长度，单击"确定"即可（图 6、图 7）。

图 4　　　　　　　　　　　　　　　　图 5

（3）过线上一点作该线的切线或过线外一点作该线的平行线：如下图所示，先单击线，再单击点 A，此时出现两条相互垂直的参考线，按 Shift 键，切换参考线与所选线平行；移动光标使其与所选线平行的参考线靠近，光标会自动吸附在参考线上（图 8、图 9）；单击左键，弹出对话框；输入平行线或切线的长度，单击"确定"即可。

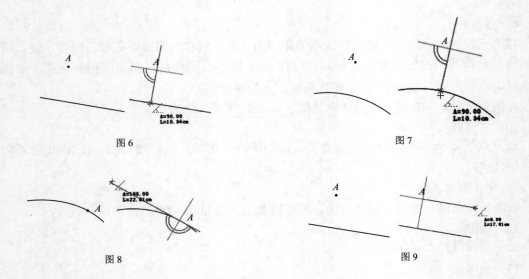

图6   图7

图8   图9

单击角度线图标的小黑三角，出现 。

14．点到圆或两圆之间的切线

作点到圆或两圆之间的切线，可在结构线上操作也可以在纸样的辅助线上操作。

操作方法：

（1）单击点或圆；

（2）单击另一个圆，即可作出点到圆或两个圆之间的切线。

15．等份规

在线上加等份点、在线上加反向等距点，在结构线上或纸样上均可操作，用 Shift 键切换 ，在线上加两等距光标与 ，等份线段光标（右键来切换 ，实线为拱桥等份）。

单击等份规图标的小黑三角，出现 。

16．点

在线上定位加点或空白处加点，适用于纸样、结构线。

17．圆规

可做单圆规或者双圆规。操作方法与智能笔的圆规功能一致。

（1）单圆规：作从关键点到一条线上的定长直线，常用于画肩斜线、夹直、裤子后腰、袖山斜线等。

（2）双圆规：通过指定两点，同时作出两条指定长度的线，常用于画袖山斜线、西装驳头等，纸样、结构线上都能可以操作。

18．剪断线

用于将一条线从指定位置断开，变成两条线，或把多段线连接成一条线，也能用一条线同时打断多条线。在结构线上操作，也可以在纸样辅助上操作。选中该工具后，按 Shift 键在剪断线 / 连接 光标与成组剪断线 光标间切换。

操作方法：

（1）剪断单条线：选中该工具用 Shift 键把光标切换成 ，在需要剪断的线上单击，线变色，再在非关键点上单击，弹出点的位置对话框；输入恰当的数值，单击"确定"即可。

如果选中的点是关键点 (如等分点或两线交点或线上已有的点)，直接在该位置单击，则不弹出对话框，直接从该点处断开。

（2）连接两段线或多段线：选中该工具用 Shift 键把光标切换成 ，框选或分别单击需要连接的线，单击右键即可。

（3）剪断多条线：选中该工具用 Shift 键把光标切换成，如下图用线 a 剪断线 b、c，用左键框选或左键单击线 b、c 后单击右键，再左键单击线 a。

$$b \quad c$$
$$\quad\quad\quad\quad a$$

单击剪断线图标的小黑三角，出现。

19. 关联 / 不关联

端点相交的线在用调整工具调整时，使用过关联的两端点会一起调整，使用过不关联的两端点不会一起调整。在结构线、纸样辅助线上均可操作。其中端点相交的线默认为关联。按 Shift 键在关联和不关联图标中切换。

20. 橡皮擦

用来删除结构图上点、线，纸样上的辅助线、剪口、钻孔、省褶、缝迹线、绗缝线、放码线、基准点（线放码）。

操作方法：

（1）用该工具直接在点、线上单击，即可；

（2）如果要擦除集中在一起的点、线，左键框选即可。

21. 收省

在结构线上插入省道，并能生成倒向箭头，只适用于结构线上操作。

操作方法：

（1）用该工具依次单击收省的边线、省线，弹出省宽对话框；

（2）在对话框中，输入省量，如图 1 所示；

（3）单击"确定"后，移动鼠标，在省倒向的一侧单击左键，如图 2 所示；

（4）用左键调整省底线，最后单击右键完成，如图 3 所示。

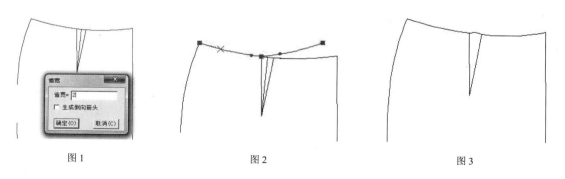

图 1　　　　　　　　　　图 2　　　　　　　　　　图 3

单击收省图标的小黑三角，出现。

22. 加省山

给省道上加省山，适用在结构线上操作。

操作方法：用该工具，依次单击倒向一侧的曲线或直线 (a,b)，再依次单击另一侧的曲线或直线 (c,d) 即可。

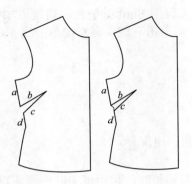

23. 插入省褶

在选中的线段上插入省褶，纸样、结构线上均可操作。常用于制作泡泡袖、立体口袋等。

操作方法：

（1）有展开线操作：用该工具框选插入省的线，单击右键（如果插入省的线只有一条，也可以单击）；框选或单击省线或褶线，单击右键，弹出指定线的省展开对话框；在对话框中输入省量或褶量，选择需要的处理方式，"确定"即可。

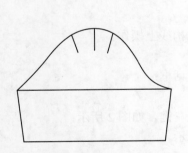
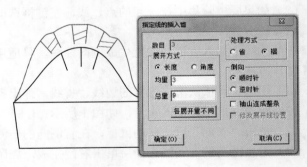

（2）无展开线的操作：用该工具框选插入省的线，双击右键，弹出指定段的省展开对话框；（如果插入省的线只有一条，也可以单击左键再击右键，弹出指定段的省展开对话框）；在对话框中输入省量或褶量、省褶长度等，选择需要的处理方式，"确定"即可。

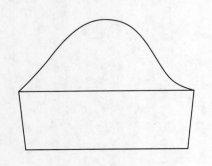
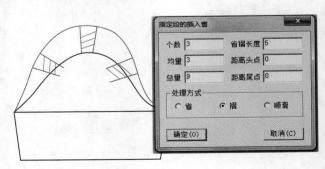

24．转省

用于将结构线上的省作转移。可同心转省，也可以不同心转，可全部转移，也可以部分转移，也可以等分转省，转省后新省尖可在原位置也可以不在原位置，适用于在结构线上的转省。

操作方法：框选所有转移的线；单击新省线（如果有多条新省线，可框选）；单击一条线确定合并省的起始边，或单击关键点作为转省的旋转圆心。

（1）新省尖位置不会改变。

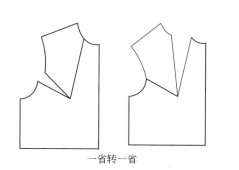
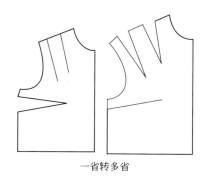

一省转一省　　　　　　　　　　　　　　　一省转多省

（2）部分转省：按住 Ctrl 键，单击合并省的另一边（用左键单击另一边，转省后两省长相等，如果用右键单击另一边，则新省尖位置不会改变）。

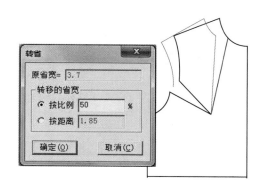
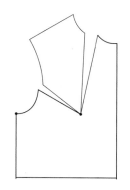

（3）等分转省：框选所有转移的线；单击右键，左键单击新省线 BC，单击右键，然后单击原省需要合并的起始边，按键盘上的数字 3，接着按 Enter 键，再单击左键合并省的另一边，即为等分转省。其中 AB 为单独的一段线段。

（4）不同心转省：框选所有转移的线；单击新省线；单击一条线确定合并省的起始边，单击合并省的另一边。

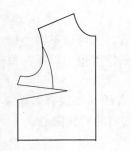
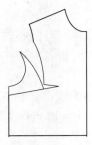

25. 褶展开

用褶将结构线展开，同时加入褶的标识及褶底的修正量。只适用于在结构线上操作。

操作方法：

（1）用该工具单击 / 框选操作线，按右键结束；

（2）单击上段线，如有多条则框选并按右键结束 (操作时要靠近固定的一侧，系统会有提示)；

（3）单击下段线，如有多条则框选并按右键结束 (操作时要靠近固定的一侧，系统会有提示)；

（4）单击 / 框选展开线，单击右键，弹出刀褶 / 工字褶展开对话框 (可以不选择展开线，需要在对话框中输入插入褶的数量)；

（5）在弹出的对话框中输入数据，按"确定"键结束。

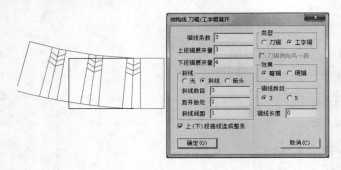

上下褶展开量不一样

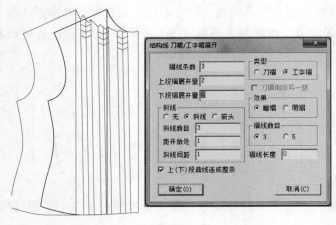

上下褶展开量一样

26. 分割/展开/去除余量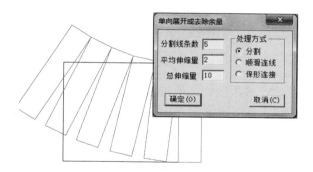

可单向展开或去除余量，也可双向展开或去除余量。常用于对领、荷叶边、大摆裙等的处理；在纸样、结构线上均可操作。单向展开或去除余量的光标为↕，双向展开或去除余量的光标为↕，用 Shift 键来切换。

操作方法：

（1）用该工具框选（或单击）所有操作线，单击右键；

（2）单击不伸缩线（如果有多条框选后单击右键）；

（3）单击伸缩线（如果有多条框选后单击右键）；

（4）如果有分割线，单击或框选分割线，单击右键确定固定侧，弹出"单向展开或去除余量"对话框（如果没有分割线，单击右键确定固定侧，弹出"单向展开或去除余量对话框"）；

（5）输入恰当数据，选择合适的选项，"确定"即可。

注意：

（1）如果是在纸样上操作，不需要操作上述第一步；

（2）在伸缩量中，输入正数为展开，输入负数为去除余量；

（3）双向展开或去除余量的操作与单向展开或去除余量的操作相同。

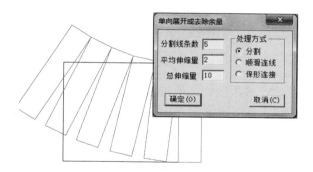

27. 荷叶边

做螺旋荷叶边，只针对结构线操作。

操作方法：

（1）在工作区的空白处单击左键，在弹出的"荷叶边"对话框中输入新的数据，按"确定"即可。

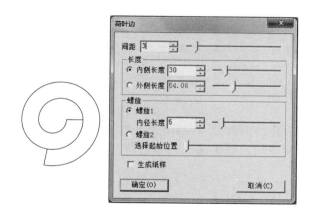

（2）单击或框选所要操作的线后，单击右键，弹出"荷叶边"对话框，有 3 种生成荷叶边的方式，选择其中的一种，按"确定"即可，其中螺旋 3 可更改数据。

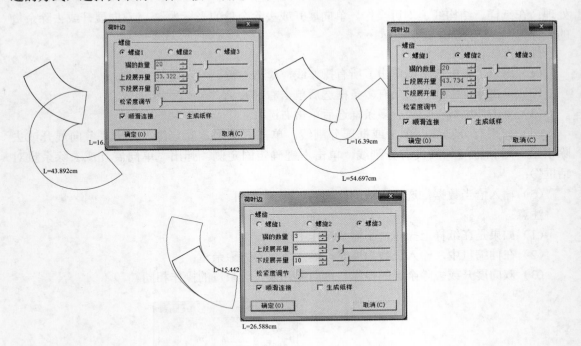

28.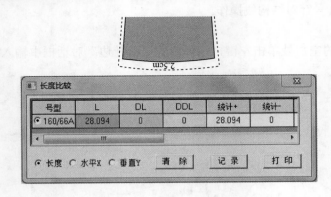

用于测量一段线的长度、多段线相加所得总长、比较多段线的差值，也可以测量剪口到点的长度，在纸样、结构线上均可操作。

操作方法：选线的方式有点选（在线上用左键单击）、框选（在线上用左键框选）、拖选（单击线段起点按住鼠标不放，拖动至另一个点）三种方式。

（1）测量一段线的长度或多段线之和：选择该工具，弹出长度比较对话框；在长度、水平 X、垂直 Y 选择需要的选项；选择需要测量的线，长度即可显示在表中。

（2）比较多段线的差值：例如，比较袖山弧长与前后袖笼的差值。选择该工具，弹出长度比较对话框；选择长度选项；单击或框选袖山曲线单击右键，再单击或框选前后袖笼曲线，表中 L 为容量。

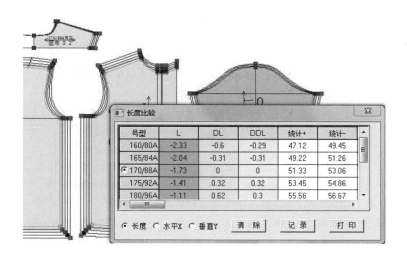

号型	L	DL	DDL	统计+	统计-
160/80A	-2.33	-0.6	-0.29	47.12	49.45
165/84A	-2.04	-0.31	-0.31	49.22	51.26
170/88A	-1.73	0	0	51.33	53.06
175/92A	-1.41	0.32	0.32	53.45	54.86
180/96A	-1.11	0.62	0.3	55.56	56.67

该工具默认是比较长度 ，按 Shift 键可切换成测量两点间距离 。

29．测量两点间距离

用于测量两点（可见点或非可见点）间或点到线直线距离或水平距离或垂直距离、两点多组间距离总和或两组间距离的差值，在纸样、结构线上均能操作。在纸样上可以匹配任何号型。

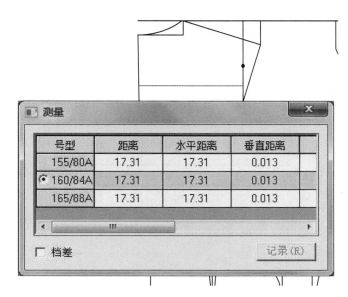

号型	距离	水平距离	垂直距离
155/80A	17.31	17.31	0.013
160/84A	17.31	17.31	0.013
165/88A	17.31	17.31	0.013

单击测量图标的小黑三角，出现 。

30．量角器

在纸样、结构线上均能操作。可以测量一条线的水平夹角、垂直夹角；测量两条线的夹角；测量三点形成的角；测量两点形成的水平角、垂直角。

操作方法：

（1）用左键框选或点选需要测量一条线，单击右键，弹出"角度测量"对话框。如下图所示，测量肩斜线角度。

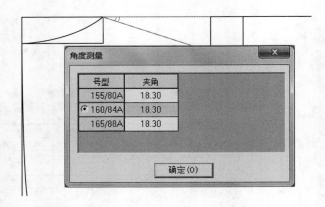

（2）框选或点选需要测量的两条线，单击右键，弹出"角度测量"对话框，显示的角度为单击右键位置区域的夹角。如下图所示，测量肩斜线与袖窿的角度。

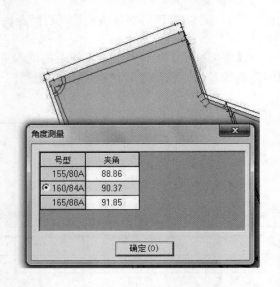

（3）测量点 A、B、C 三点形成的角度，先单击点 A，再分别单击点 B、点 C，即可弹出角度测量对话框。

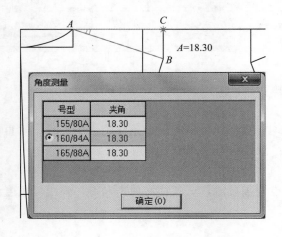

（4）按下 Shift 键，单击需要测量的两点，即可弹出角度测量对话框。如下图所示测量肩线的角度。

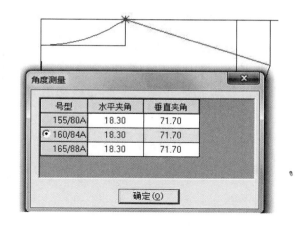

31. 旋转

用于旋转复制或旋转一组点或线或文字。适用于结构线与纸样辅助线，也适用于旋转纸样边线。

操作方法：

（1）单击或框选旋转的点、线，单击右键；

（2）单击一点，以该点为轴心点，再单击任意点为参考点，拖动鼠标旋转到目标位置；

（3）该工具默认为旋转复制，复制光标为$^+_{\llcorner}{}^{\times2}$，旋转复制与旋转用 Shift 键来切换，旋转光标为$^+_{\llcorner}$。

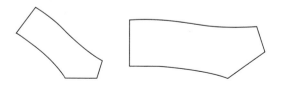

单击旋转图标的小黑三角，出现 。

32. 对称

根据对称轴对称复制（对称移动）结构线或纸样。

操作方法：

（1）该工具可以在线上单击两点或在空白处单击两点，作为对称轴；

（2）框选或单击所需复制的点线或纸样，单击右键完成；

（3）该工具默认为复制，复制光标为$^*_{\llcorner}{}^{2}$，复制与移动用 Shift 键来切换，移动光标为$^*_{\llcorner}$；

（4）对称轴默认画出的是水平线或垂直线 45°方向的线，单击右键可以切换成任意方向。

33．移动

用于复制或移动一组点、线、扣眼、扣位等。和智能笔的移动或复制功能一致。

操作方法：

（1）用该工具框选或点选需要复制或移动的点线，单击右键；

（2）单击任意一个参考点，拖动到目标位置后单击即可；

（3）单击任意参考点后，单击右键，选中的线在水平方向或垂直方向上镜像；

（4）该工具默认为复制，复制光标为 $^+_{\hookleftarrow}{\times}^2$，复制与移动用 Shift 键来切换，移动光标为 $^+_{\hookleftarrow}$；

（5）按下 Ctrl 键，在水平或垂直方向上移动；

（6）复制或移动时按 Enter 键，弹出位置偏移对话框；

（7）对纸样边线只能复制不能移动，即使在移动功能下移动边线，原来纸样的边线不会被删除。

34．对接

用于把一组线向另一组线上对接。

操作方法：工具默认为对接复制，光标为 $^+_{\text{LL}}{\times}^2$，对接复制与对接用 Shift 键来切换，对接光标为 $^+_{\text{LL}}$。

（1）左键单击 A 点、C 点、B 点、D 点，然后单击右键；框选前片的育克，单击右键即可。

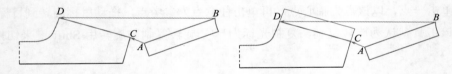

（2）光标靠近 A 点时左键单击前肩斜线；靠近 C 点然后再单击后肩斜线，单击右键；框选或单击前片需要对接的点或线，最后单击右键完成。

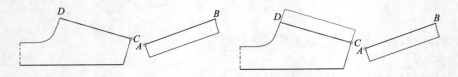

35．剪刀

用于从结构线或辅助线上拾取纸样。在该工具状态下，按住 Shift 键，单击右键可弹出"纸样资料"对话框。

操作方法：

（1）用该工具单击或框选围成纸样的线，最后单击右键，系统按最大区域形成纸样（图 1）；

（2）按住 Shift 键，用该工具单击形成纸样的区域，则有颜色填充，可连续单击多个区域，最后单击右键完成（图 2）；

（3）用该工具单击线的某端点，按一个方向单击轮廓线，直至形成闭合的图形。拾取时如果后面的线变成绿色，单击右键则可将后面的线一起选中，完成拾样（图 3、图 4）。

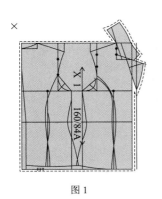 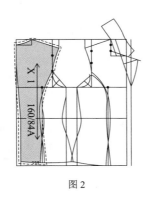 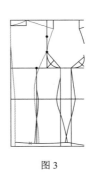 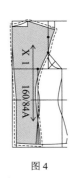

图 1   图 2   图 3   图 4

（4）选中剪刀，单击右键可切换成片衣拾取辅助线工具，从结构线上为纸样拾取内部线。操作方法如下：

① 对于已经拾取的样片进行操作，选择剪刀工具，对样片单击右键，光标变成 $^+$⒦，纸样相对应的结构线变蓝色；

② 用该工具单击或框选所需线段，单击右键即可；

③ 如果希望将边界外的线拾取为辅助线，那么直线点选两个点，在曲线上单击 3 个点来确定。

如下图所示，后中心片已经拾取完毕，但是想拾取后中线作为辅助线，利用上面的操作方法做完，用 ✋ 移动纸样，后中线会和后片一起移动。

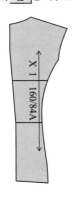  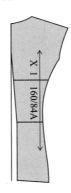 

单击剪刀图标的小黑三角，出现 ✂️ 📑 。

36. 拾取内轮廓 📑

在纸样内挖空心图。可以在结构线上拾取，也可以将纸样内的辅助线形成的区域挖空。

操作方法：

（1）用该工具在工作区纸样上单击右键选中纸样，纸样的原结构线变色；

（2）单击或框选要生成内轮廓的线；

（3）最后单击右键。

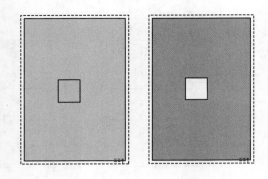

37．设置线的颜色类型 ▤▤▤

用于修改结构线的颜色、线类型、纸样辅助线的线类型与输出类型。▭▼用来设置粗细实线及各种虚线；▭▼用来设置各种线类型；▭✎▼用来设置纸样内部线是绘制、切割、半刀切割。

操作方法：

（1）如果把原来的细实线改成虚线长城线，选中该工具，在▭▼选择适合的虚线，在▭▼选择长城线，用左键单击或框选需要修改的线即可。

（2）如果要把原来的细实线改为虚线，操作在▭▼选择适合的虚线，用左键单击或框选需要修改的线即可。

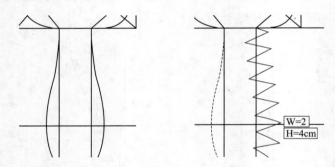

注意：线型尺寸的设置操作只对特殊的线型（如波浪线、折线、长城线）有效；选中这些线型其中的一种，光标上显示线型的回位长和线宽，可用键盘输入数据更改回位长和线宽，第一次输入的数值为回位长，敲回车键再输入的数值为线宽，再击回车确定；在需要修改的线上用左键单击线或左键框选线即可。

另外，按住 Shift 键，用该工具在纸样辅助线上单击或框选，辅助线就变成临时辅助线，临时辅助线可以不参与绘图，也可以隐藏，放码时隐藏了临时辅助线放码时更直观。

38．加入 / 调整工艺图 ▤

与"文档"菜单的"保存到图库"命令配合制作工艺图片；调出并调整工艺图片；可复制位图应用于办公软件中。

注意：学习版的不能保存到素材库，其他版本可以。

（1）加入（保存）工艺图片：用该工具分别单击或框选需要制作的工艺图的线条，单击右键即可看见图形被一个虚线框框住；单击文档—保存到图库命令；弹出保存工艺图库对话框，选好路径，在文件栏内输入图的名称，单击"保存"即可增加一个工艺图。

（2）调出并调整工艺图片：用该工具在空白处单击，弹出工艺图库对话框；在所需的图上双击，即可调出该图；在空白处单击左键为确定，单击右键弹出比例调整对话框。

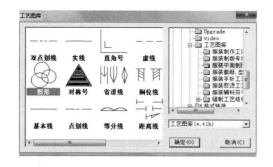

（3）复制位图：用该工具框选结构线，单击右键，编辑菜单下的复制位图命令激活，单击之后可粘贴在 Word、Excel 等文件中。

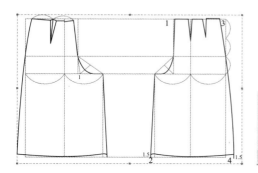
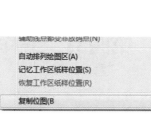

39．加文字

用于在结构图上或纸样上加文字、移动文字、修改、删除文字及调整文字的方向，且各个码上的文字内容可以不一样。

操作方法：

（1）加文字：用该工具在结构图上或纸样上单击，弹出"文字"对话框；输入文字，单击"确定"即可。或者按住鼠标左键拖动，根据所画线的方向确定文字的角度。

（2）移动文字：用该工具在文字上单击，文字被选中，拖动鼠标移至恰当的位置再次单击即可。

（3）修改或删除文字：把该工具光标移在需修改的文字上，当文字变亮后单击右键，弹出"文字"对话框，修改或删除后，单击"确定"；或者把该工具移在文字上，字发亮后，敲 Enter 键，弹出"文字"对话框，选中需修改的文字输入正确的信息即可被修改，按 Delete 键，即可删除文字，按方向键可移动文字位置。

（4）调整文字的方向和大小：把该工具移在要修改的文字上，单击鼠标左键弹出对话框，修改字体的高度和角度即可。

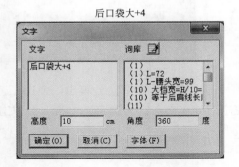

（5）不同号型上加不一样的文字：用该工具在纸样上单击，然后弹出"文字"对话框，单击各码不同，输入文字即可。

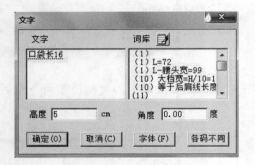 

第四节　纸样工具栏

这一列工具主要是对拾取完的样片进行操作。

1. 选择纸样控制点

用来选中纸样、选中纸样上边线点、选中辅助线上的点、修改点的属性，选中剪口。

操作方法：

（1）选中纸样：用该工具在纸样单击即可，如果要同时选中多个纸样，只要框选各纸样的一个放码点即可。

（2）选中纸样边上的点：

① 选单个放码点，用该工具在放码点上用左键单击或用左键框选；选多个放码点，用该

工具在放码点上框选或按住 Ctrl 键在放码点上一个一个单击；

②选单个非放码点，用该工具在点上单击左键；选多个非放码点，按住 Ctrl 键在非放码点上一个一个单击；

③按住 Ctrl 键时第一次在点上单击为选中，再次单击为取消选中；同时取消选中点，按 Esc 键或用该工具在空白处单击；

④选中一个纸样上的相邻点，如图选袖山弧线，用该工具在点 B 上按下鼠标左键拖至点 D 再松手，选中状态。

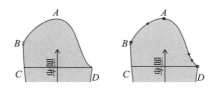

（3）辅助线上的放码点与边线上的放码点重合时：用该工具在重合点上单击，选中的为边线点；在重合点上框选，边线放码点与辅助线放码点全部选中；按 Shift 键，在重合位置单击或框选，选中的是辅助线放码点。

（4）修改点的属性：在需要修改的点上双击，会弹出点"属性"对话框，修改之后单击"采用"。如果选中的是多个点，按回车即可弹出对话框。

2．缝迹线

在纸样边线上加缝迹线、修改缝迹线。

操作方法：

（1）加定长缝迹线：用该工具在纸样某边线点上单击左键，弹出"缝迹线"对话框，选择所需缝迹线，输入缝迹线长度及间距，"确定"即可。如果该点已经有缝迹线，那么会在对话框中显示当前的缝迹线数据，修改即可。

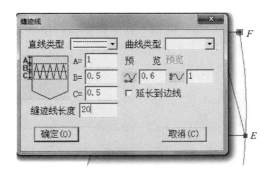

（2）在一段线或多段线上加缝迹线：用该工具框选或单击一段或多段边线后单击右键，在弹出的对话框中选择所需缝迹线，输入线间距，"确定"即可。

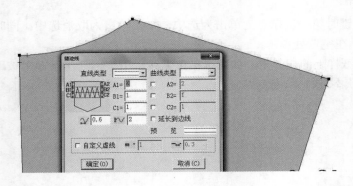

（3）在整个纸样上加相同的缝迹线：用该工具单击纸样的一个边线点，在对话框中选择所需缝迹线，缝迹线长度里输入 0 即可。或用操作方法（2）的方法，框选所有的线后单击右键。

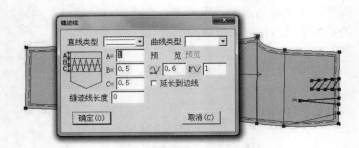

（4）在两点间加不等宽的缝迹线：用该工具顺时针选择一段线，即在第一控制点按下鼠标左键，拖动到第二个控制点上松开，弹出"缝迹线"对话框，选择所需缝迹线，输入线间距，"确定"即可。如果这两个点中已经有缝迹线，那么会在对话框中显示当前的缝迹线数据，修改即可。

（5）删除缝迹线：用橡皮擦单击即可。也可以在直线类型与曲线类型中选第一种无线型。单击缝迹线图标的小黑三角，出现 ▭ ▨ 。

3．绗缝线 ▨

在纸样上添加绗缝线、修改绗缝线类型、修改虚线宽度。

操作方法：

（1）在同一个纸样加相同的绗缝：用该工具单击纸样，纸样边线变色；单击参考线的起点、终点（可以是边线上的点，也可以是辅助线上的点），弹出"绗缝线"对话框；选择合适的线类型，输入恰当的数值，"确定"即可。

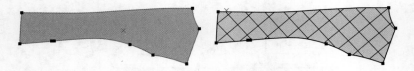

（2）在同一个纸样加不同的绗缝：用绗缝线工具按顺时针方向选中 A、B、C、D，这部分纸样的边线变色，选择参考线后，弹出"绗缝线"对话框；选择合适的线类型，输入恰当的数值后确定；用同样的方法选中 D、C、H、E、F、G，选择合适的线类型，输入恰当的数值后确定，即可做出如下图所示的绗缝线。

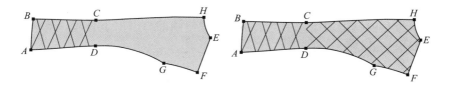

（3）修改绗缝线操作：用该工具在有绗缝线的纸样上单击右键，会弹出相应参数的绗缝线对话框，修改后"确定"即可。

（4）删除绗缝线操作：可以用橡皮擦，也可以用该工具在有绗缝线的纸样上单击右键，在直线类型与曲线中选第一种无线型。

4．加缝份

用于给纸样加缝份或修改缝份量及切角。

操作方法：

（1）纸样所有边加（修改）相同缝份：用该工具在任一纸样的边线点单击左键，在弹出的"衣片缝份"的对话框中输入缝份量，选择适当的选项，"确定"即可；

（2）多段边线上加（修改）相同缝份量：用该工具同时框选或单独框选加相同缝份的线段，单击右键弹出加缝份对话框，输入缝份量，选择适当的切角，"确定"即可；

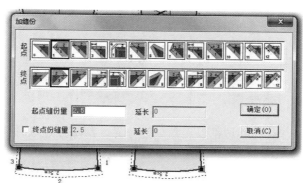

（3）先定缝份量，再单击纸样边线修改（加）缝份量：选中加缝份工具后，敲数字键后按回车，再用鼠标在样边线上单击，缝份量即被更改。

（4）单击边线：用加缝份工具在纸样边线上单击，在弹出的"加缝份"对话框中输入缝份量，选择合适的切角，确定。

（5）拖选边线点加（修改）缝份量：用加缝份工具在 1 点上按住鼠标左键拖到 3 点上松手，在弹出的"加缝份"对话框中输入缝份量，"确定"即可。

（6）修改单个角的缝份切角：用该工具在需要修改的点上单击右键，会弹出拐角缝份类型对话框，选择恰当的切角，确定。

（7）修改两边线等长的切角：选中该工具的状态下按 Shift 键，会弹出下列对话框，选择合适缝份类型。主要作用是放缝份后需要缝合的分割线缝份长度相等。

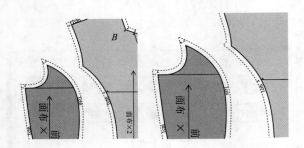

（8）加缝边说明：涉及的缝边都以斜角处为分界，都是按照顺时针方向来区分的，图 ◥ 或 ◢ 指没有加缝份的净纸样上的一个拐角，1 边、2 边是指净样边。

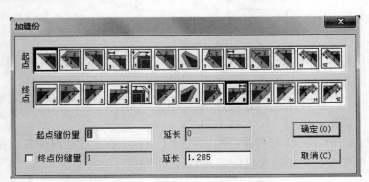

① 1、2 边相交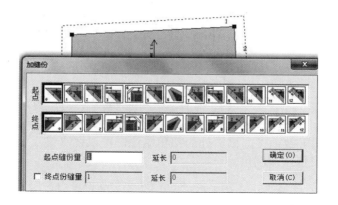：缝边自然延伸并相交，不做任何处理，为最常用的一种缝份。

② 按 2 边对称：用于做裤脚、底边、袖口等。将 2 边缝边对折起来，并以 1、3 边缝边为基准修正切角。

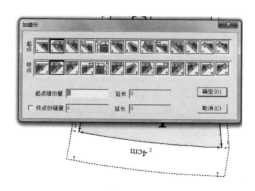

③ 2 边 90°直角：2 边延长与 1 边的缝边相交，过交点作 2 边缝边的垂线与 2 边缝边相交切掉尖角，多用于公主线分割的袖窿处。

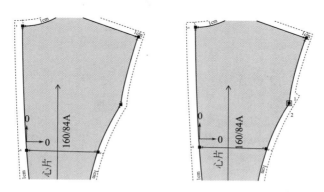

④ 2 边定长：1 边缝边延长至 2 边的延长线上，2 边缝份根据长度栏内输入的长度画出，并做延长线的垂线。

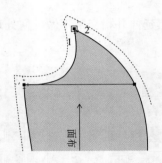

⑤ 斜切角 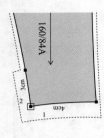：用于做袖叉、裙叉处的拐角缝边，可以在"终点延长"栏内输入该图标中红色线段以外的长度值，即倒角缝份宽。

 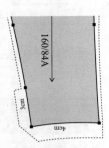

⑥ 12 边切刀眼角 ：12 边延长线交于缝边，沿交点连线方向切掉尖角。

⑦ 角平分线切角：用于做领尖等处，沿角平分线的垂线方向切掉尖角，并可在长度栏内输入该图标中红色线段的长度值。

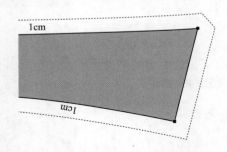

⑧ 12 边垂直切角 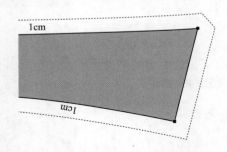：12 边沿拐角分别各自向缝边做垂线，沿交点连线方向切掉尖角。

⑨ 2 边定长 1 边垂直 ：多用于公主线及两片袖的袖窿处。

⑩ 按 1 边对幅可参考按 2 边对幅 。

⑪ 1 边 90°角可参考 2 边 90°角 。

⑫ 1 边定长可参考 2 边定长 。

⑬ 1 边定长 2 边垂直可参考 2 边定长 1 边垂直 。

5. 做衬

用于在纸样上做朴样、贴样。

操作方法：

（1）在多个纸样上加数据相等的朴、贴：用该工具框选纸样边线后单击右键，在弹出的衬对话框中输入合适的数据，即可。

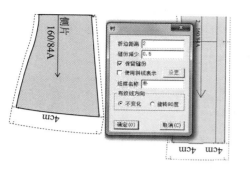
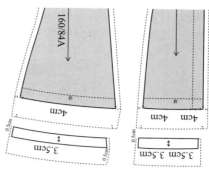

（2）整个纸样上加衬：用该工具单击纸样，纸样边线变色，在弹出的对话框中，输入数值确定即可。

6．剪口

在纸样边线上加剪口、拐角处加剪口以及辅助线指向边线的位置加剪口，调整剪口的方向，对剪口放码、修改剪口的定位尺寸及属性。

操作方法：

（1）在控制点上加剪口：用该工具在控制点上单击即可。

（2）在一条线上加剪口：用该工具单击线或框选线，弹出剪口对话框，选择适当的选项，输入合适的数值，单击"确定"即可。

（3）在多条线上同时等距加等距剪口：用该工具在需加剪口的线上框选后再单击右键，弹出剪口对话框，选择适当的选项，输入合适的数值，单击"确定"即可。

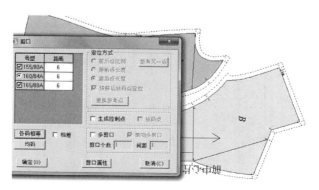

（4）在两点间等分加剪口：用该工具拖选两个点，弹出剪口对话框，选择按比例剪口，输入等分数目，确定即可在选中线段上平均加上剪口。

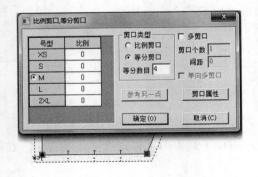

（5）拐角剪口：

① 用 Shift 键把光标切换为拐角光标，单击纸样上的拐角点，在弹出的对话框中输入正常缝份量，如图 1 所示，确定后缝份不等于正常缝份量的，拐角处都统一加上拐角剪口；

② 框选拐角点即可在拐角点处加上拐角剪口，可同时在多个拐角处同时加拐角剪口，如图 2 所示；

③ 框选或单击线的"中部"，在线的两端自动添加剪口，如图 3 所示；如果框选或单击线的一端，在线的一端添加剪口，如图 4 所示。

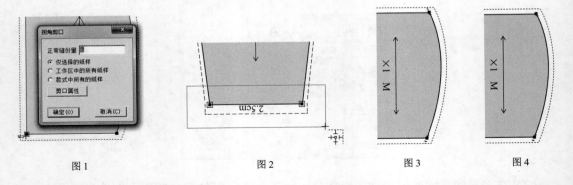

| 图1 | 图2 | 图3 | 图4 |

（6）修改剪口属性及删除剪口：单击"剪口"对话框中的"剪口属性"可以修改剪口；如果要删除剪口，用删除键单击剪口删除即可。

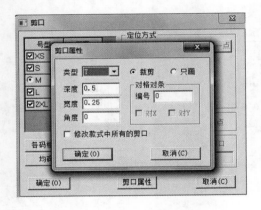

（7）用 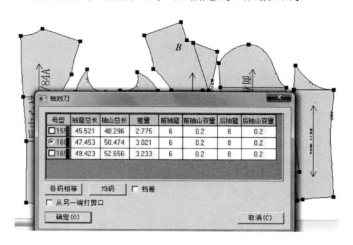 选择纸样控制点工具，也可在剪口上单击对剪口编辑。

单击剪口图标的小黑三角，出现 。

7. 袖对刀

在袖窿与袖山上的同时打剪口，并且前袖窿、前袖山打单剪口，后袖窿、后袖山打双剪口。

操作方法：依次选前袖笼线、前袖山线、后袖笼线、后袖山线。

号型	袖窿总长	袖山总长	差量	前袖窿	前袖山容量	后袖窿	后袖山容量
155	45.521	48.296	2.775	6	0.2	8	0.2
160	47.453	50.474	3.021	6	0.2	8	0.2
165	49.423	52.656	3.233	6	0.2	8	0.2

8. 辅助线剪口

在辅助线指向边线上加剪口，调整辅助线端点方向时，剪口的位置随之调整。

操作方法：

（1）用该工具单击或框选辅助线的一端，只在靠近这端的边线上加剪口；

（2）如果框选辅助线的中间段，则两端同时加剪口，如下图所示；

（3）用该工具在辅助线剪口上单击右键可更改剪口属性；

（4）用该工具在有缝份的纸样上加的剪口，剪口只在缝份线上显示。

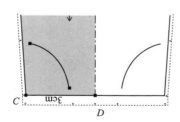

9. 眼位

在纸样上加眼位、修改眼位。在放码的纸样上，各码眼位的数量可以相等也可以不相等，也可加组扣眼。

操作方法：

（1）根据眼位的个数和距离，系统自动画出眼位的位置。

①用该工具单击前领深点，弹出"加扣眼"对话框；

②输入偏移量、个数及间距，"确定"即可。

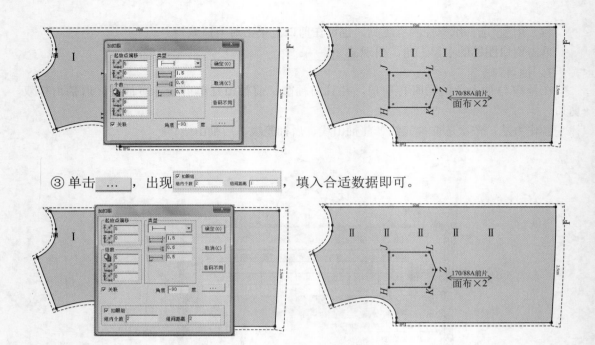

③ 单击 [...]，出现 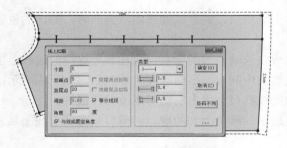，填入合适数据即可。

（2）在线上加扣眼，单击加扣眼的线，弹出"线上扣眼"对话框，填入适当数据即可，另外在放码时只放辅助线的首尾点即可。

（3）在不同的码上，加数量不等的扣眼。

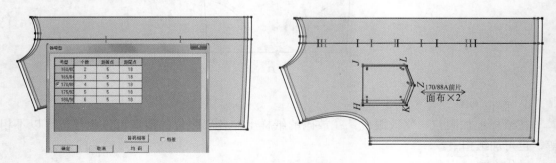

（4）按鼠标移动的方向确定扣眼角度。

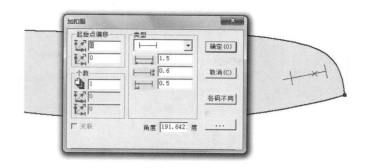

（5）修改眼位：用该工具在眼位上单击右键，即可弹出"扣眼"对话框。

10．钻孔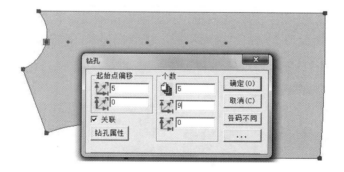

在纸样上加钻孔（扣位），修改钻孔（扣位）的属性及个数。在放码的纸样上，各码钻孔的数量可以相等也可以不相等，也可加钻孔组。

操作方法：

（1）根据钻孔／扣位的个数和距离，系统自动画出钻孔／扣位的位置。

① 如下图所示，用该工具单击前领深点，弹出"钻孔"对话框；

② 输入偏移量、个数及间距，"确定"即可。

③ 钻孔组的用法和扣眼一样，不再说明。

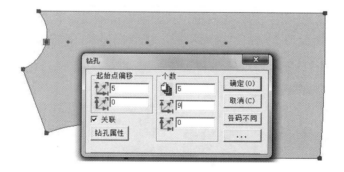

（2）在线上加钻孔（扣位），放码时只放辅助线的首尾点即可。

① 用钻孔工具在线上单击，弹出"线上钻孔"对话框；

② 输入钻孔的个数及距首尾点的距离，"确定"即可。

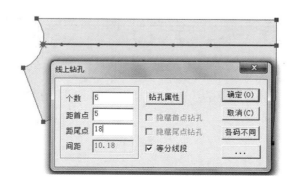

（3）在不同的码上加数量不等的钻孔（扣位），做法同加扣眼。

（4）修改钻孔（扣位）的属性及个数：用该工具在扣位上单击右键，即可弹出"线上钻孔"对话框，单击钻孔属性，修改即可。

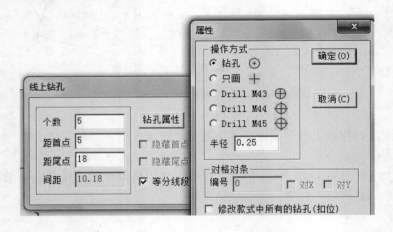

11. 褶

在纸样边线上增加或修改刀褶、工字褶。也可以把在结构线上加的褶用该工具变成褶图元。做通褶时在原纸样上会把褶量加进去，纸样大小会发生变化，如果加的是半褶，只是加了褶符号，纸样大小不改变。

操作方法：

（1）纸样上有褶线的情况：用该工具框选或分别单击褶线，单击右键弹出"褶"对话框；输入上下褶宽，选择褶类型；单击"确定"后，褶合并起来；此时，就用该工具调整褶底，满意后单击右键即可。

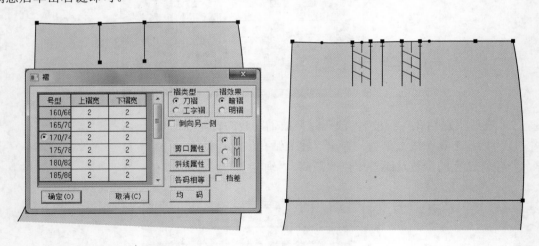

（2）纸样上平均加褶：

① 选中该工具用左键单击加褶的线段，多段线时框选线段单击右键；如果做半褶，此时单击右键，弹出半褶对话框。

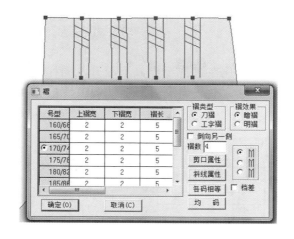

② 做通褶：按照步骤①的方式选择褶的另外一段所在的边线，单击右键弹出"褶"对话框；在对话框中输入褶量、褶数等，确定褶合并起来；此时，就用该工具调整褶底，满意后单击右键即可。

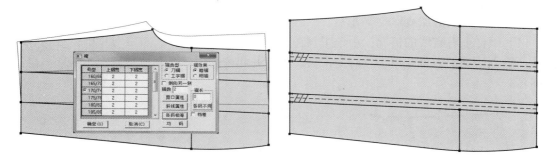

（3）修改工字褶或刀褶：修改一个褶，用该工具将光标移至工字褶或刀褶上，褶线变色后单击右键，即可弹出"褶"对话框；同时修改多个褶，使用该工具单击左键分别选中需要修改的褶后再单击右键，弹出修改褶对话框（所选择的褶必须在同一个纸样上）。

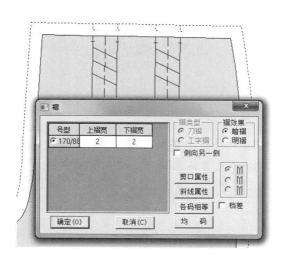

（4）辅助线转褶图元：把在结构线上加的褶用该工具变成褶图元。

操作方法：

① 首先用 Ctrl+F 显示出点；

② 把该工具放在点 A 上按住左键拖至点 B 上松开，同样再放在点 C 上按住左键拖至点 D 上松开，会弹出"褶"对话框，确定后原辅助线就变成褶图元，褶图元上自动带有剪口。

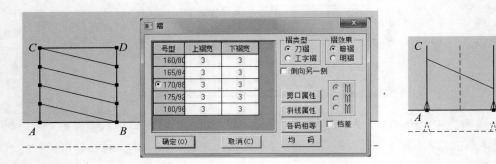

12. V 形省

在纸样边线上增加或修改 V 形省。

（1）纸样上有省线的情况：用该工具在省线上单击，弹出"尖省"对话框；选择合适的选项，输入恰当的省量；单击"确定"后，省合并起来；用该工具调整省底，满意后单击右键即可。

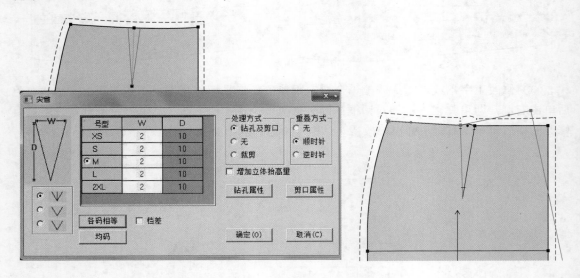

（2）纸样上无省线的情况：用该工具在边线上单击，先定好省的位置；拖动鼠标单击，在弹出"尖省"对话框中，选择合适的选项，输入恰当的省量；单击"确定"后，省合并起来；用该工具调整省底，满意后单击右键即可。

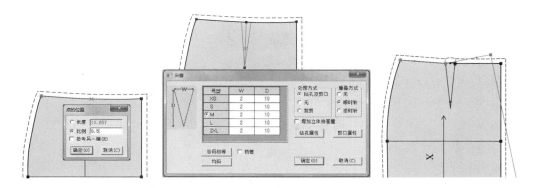

（3）修改 V 形省：选中该工具，将光标移至 V 形省上，省线变色后单击右键，即可弹出"尖省"对话框。

单击 V 形省图标的小黑三角，出现 。

13．锥形省

在纸样上加锥形省或菱形省。

用该工具依次单击点 A、点 C、点 B，弹出"锥形省"对话框；输入省量，单击"确定"即可。

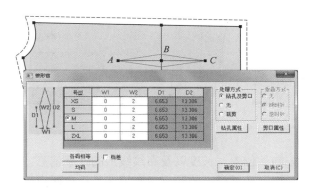

14．比拼行走

一个纸样的边线在另一个纸样的边线上行走时，可调整内部线对接是否圆顺，也可以加剪口。

操作方法：

（1）用该工具依次单击点 A、点 B，侧片拼在前中心片纸样上，并弹出"行走比拼"对话框；此时可以打剪口，最后单击右键完成；

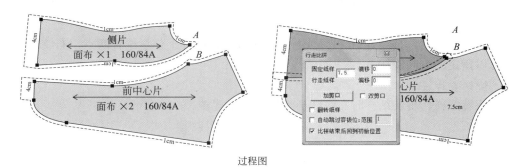

过程图

065

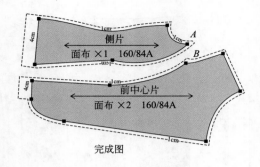

完成图

（2）如果比拼的两条线为同边情况，比拼时纸样间为重叠，操作前按住 Ctrl 键；在比拼中，按 Shift 键，分别单击控制点或剪口可重新开始比拼。

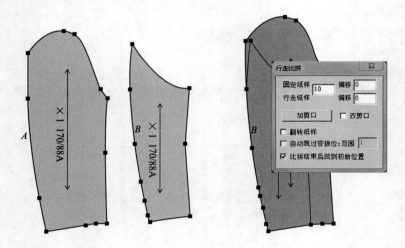

15．布纹线

用于调整布纹线的方向、位置、长度以及布纹线上的文字信息。

（1）用该工具单击左键选择纸样上的两点，布纹线与指定两点平行；

（2）用该工具在布纹线上单击右键，布纹线以 45°顺时针方向来旋转；

（3）按住 Ctrl 键，用该工具在布纹线上单击右键，布纹线以 45°逆时针方向来旋转；

（4）用该工具在纸样（除布纹线外）上先用左键单击，再击右键可任意旋转布纹线的角度；

（5）用该工具在布纹线的上用左键单击，拖动鼠标可平移布纹线；

（6）选中该工具，把光标移在布纹线的端点上，再拖动鼠标可调整布纹线的长度；

（7）选中该工具，按住 Shift 键，光标会变成 T，单击右键，布纹线上下的文字信息旋转90°；

（8）选中该工具，按住 Shift 键，光标会变成 T，在纸样上任意选择两点，布纹线上下的文字信息以指定的方向旋转。

16．旋转衣片

用于旋转纸样，旋转纸样时布纹线与纸样在同步旋转。

操作方法：

（1）操作单个纸样

① 如果布纹线是水平或垂直的，用该工具在纸样上单击右键，纸样按顺时针 90°旋转；Shift 键 + 单击右键纸样逆时针旋转 90°，如果布纹线不是水平或垂直，用该工具在纸样上单击右键，纸样旋转在布纹线水平或垂直方向；

② 用该工具单击左键选中两点，移动鼠标，纸样以选中的两点在水平或垂直方向上旋转；

③ 按住 Ctrl 键，用左键在纸样单击两点，移动鼠标，纸样可随意旋转；

④ 按住 Ctrl 键，在纸样上单击右键，可按指定角度旋转纸样。

（2）同时操作多个纸样

① 框选纸样后，按右键可以将纸样顺时针旋转 90°；

② 框选纸样后，按住 Shift 键，按右键则逆时针旋转 90°；

③ 在空白处单击左键或按 Esc 键退出该操作。

17．水平垂直翻转

用于将纸样翻转。

操作方法：

（1）翻转单个纸样

① 水平翻转与垂直翻转间用 Shift 键切换；

② 在纸样上直接单击左键即可；

③ 纸样设置了左或右，翻转时会提示"是否翻转该纸样？"，根据需要单击"是"或者"否"即可。

（2）翻转多个纸样：用该工具框选要翻转的纸样后单击右键，所有选中纸样即可翻转，在空白处单击左键或按 Esc 键退出该操作。

18．水平 / 垂直校正

将一段线校正成水平或垂直状态，常用于校正读图纸样。

操作方法：

（1）按 Shift 键把光标切换成水平校正 $^+_\triangle$（垂直校正为 $^+_\triangle$）；

（2）用该工具单击或框选 AB 后单击右键，弹出"水平垂直校正"对话框；

（3）选择合适的选项，单击"确定"即可。

19．重新顺滑曲线

用于调整曲线并且关键点的位置保留在原位置，常用于处理读图纸样。

操作方法：

（1）用该工具单击需要调整的曲线，此时原曲线处会自动生成一条新的曲线（如果中间没有放码点，新曲线为直线，如果曲线中间有放码点，新曲线默认通过放码点）；

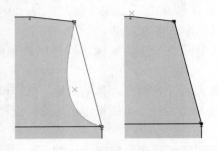

（2）用该工具单击原曲线上的控制点，新的曲线就吸附在该控制点上（再次在该点上单击，又脱离新曲线）；

（3）新曲线达到满意后，在空白处再单击右键即可。

单击重新顺滑曲线图标，出现 ⬚ S·S。

20. 曲线替换 S·S

结构线上的线与纸样边线间互换；也可以把纸样上的辅助线变成边线（原边线也可转换辅助线）。

操作方法：

（1）单击或框选线的一端，线就被选中（如果选择的是多条线，第一条线须用框选，最后单击右键）；单击右键选中线可在水平方向、垂直方向翻转；移动光标在目标线上，再用左键单击即可。

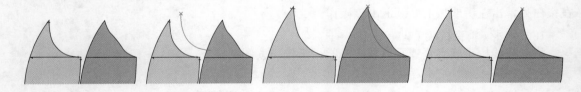

（2）用该工具点选或框选纸样辅助线后，光标会变成此形状 ↖☐（原边线不保留）［按 Shift 键光标会变成 ↖☐（原边线变成辅助线）］，然后单击右键即可。

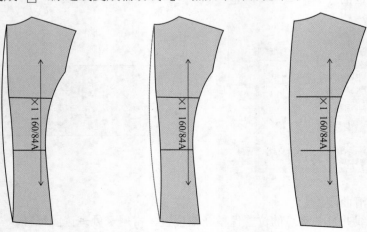

21．纸样变闭合辅助线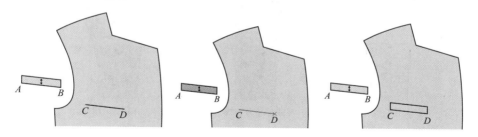

将一个纸样变为另一个纸样的闭合辅助线。

操作方法：用该工具从 *A* 点拖到 *B*，从 *C* 点拖选到 *D* 点即可（或敲回车键偏移）。

22．分割纸样

将纸样沿辅助线剪开。

操作方法：

（1）选中分割纸样工具；

（2）在纸样的辅助线上单击，弹出下图的对话框；

（3）选择"是"，根据基码对齐剪开，弹出"加缝份"对话框，选择合适缝份，单击"确定"；纸样颜色被分开，显示不同颜色，用移动纸样工具分开即可。

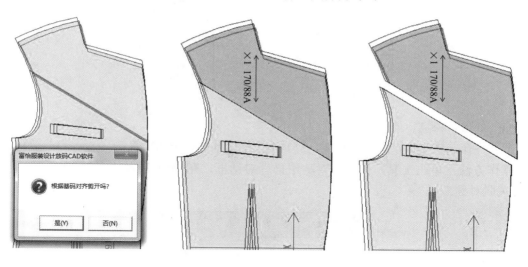

23．合并纸样

将两个纸样合并成一个纸样。

将两个纸样合并成一个纸样：按 Shift 键在 为以合并线两端点的连线合并和 为以曲线合并间切换（单击第一个纸样后按 Shift 键在保留合并线与不保留合并线切换）。

直线合并：

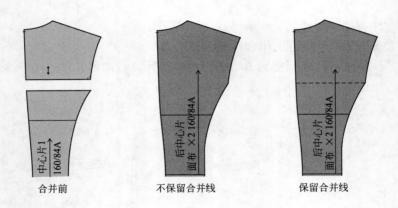

合并前　　　　　　　不保留合并线　　　　　　保留合并线

曲线合并：

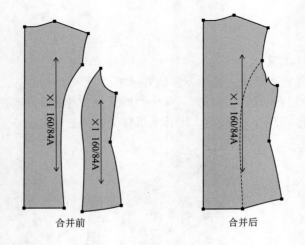

合并前　　　　　　　　　　　　　　合并后

24. 纸样对称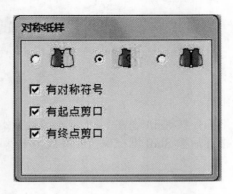

把纸样在关联对称、不关联对称、只显示一半这几种状态间设置。

操作方法：单击工具，弹出"对称纸样"对话框，为关联对称，为不关联对称，为关联对称。

对称纸样

☑ 有对称符号
☑ 有起点剪口
☑ 有终点剪口

关联对称：纸样两边全显示，纸样的一半被颜色填充（调整填充的一边时，另一边关联调整）。

不关联对称：显示纸样的全部，调整纸样的一边时，另一边不会跟随调整。

关联对称：只显示对称的一边，在放码中时只显示一半（排料中会自动展开成整体纸样）。

25．缩水

根据面料对纸样进行整体缩水处理；针对选中线可进行局部缩水。

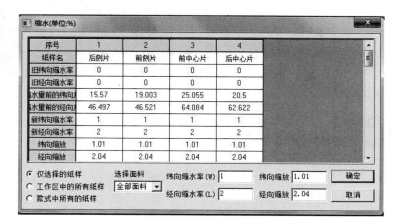

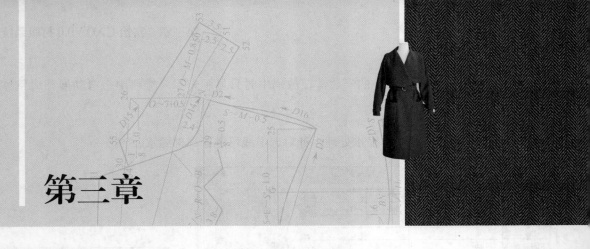

第三章

典型款式打版实例

本章以实例来讲解具体工具的使用方法及操作步骤。主要讲解筒裙、育克裙、男式西裤、男女衬衫、女式时装、男式西装、女式上装原型及省道转移的规格表制作、打版方法、文字标记、定位标记的添加，使之成为工业化样板，为后续的放码做好准备。

第一节　裙装 CAD 打版实例

任务一	裙装
学习目标	通过本项任务的学习掌握筒裙和育克裙的制版方法
任务描述	裙装部分是我们学习的基础任务，为之后的学习打下基础
知识准备	（1）尺寸表的设置、文件的保存方法 （2）打版工具介绍：水平垂直镜像、智能笔、设置对称边、指定分割、测量工具介绍
任务实施	裙装款式描述、规格确定，然后依托裙装详细讲解打版工具的使用方法，同学们按照筒裙和育克裙进行练习 CAD 打版，最后可以选择其他裙装款式进行练习工具的使用

教学重点：
（1）尺寸表的设置；
（2）智能笔的使用方法；
（3）开省；
（4）拾取外轮廓；
（5）纱向、样片名称。

一、筒裙制版

1. 筒裙款式特点描述

筒裙腰臀部合体，前后两片，后中缝上端装拉链，下端设置开衩。筒裙的下摆围等于或略小于臀围，因外形呈筒状而得名。筒裙主要把人体腰臀的曲线和下肢的修长体现出来，筒裙适宜四季穿着，面料的选用范围较广，不同季节可选择不同厚薄的面料。

2. 筒裙规格设计

单位：cm

号 型	部位	裙长（L）	腰围（W）	臀围（H）	腰 宽
160/66A	规格	63	68	92	3

3. 练习使用工具

用智能笔、对称、调整线、角连接，绘制筒裙款式图。

4. 筒裙制版步骤

（1）单击菜单栏中的"文件"—"另存为"，把文件保存到富怡软件中的 Data 文件夹中，或者新建一个文件夹进行保存即可。

（2）单击菜单栏中的"号型编辑"，出现"设置规格号型表"对话框。

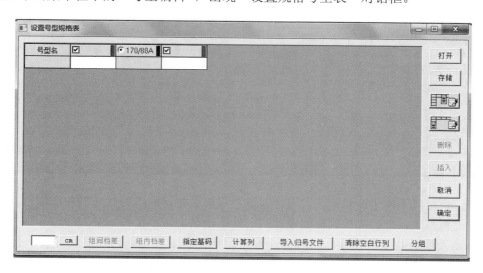

（3）单击右侧编辑词典 ，对号型进行编辑，也可以保存，作为以后使用。

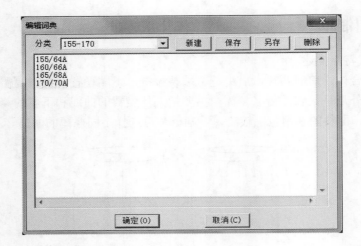

（4）然后再单击右侧的编辑词典 ，对部位名称进行设置，可以选择系统中有的，也可以新建、保存，编辑完毕单击"确定"。

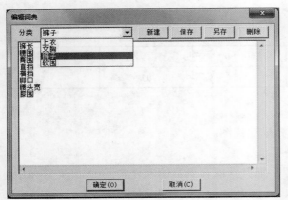

（5）此时在设置规格表对话框中，分别对号型名、部位名称进行设置。

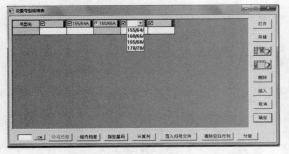

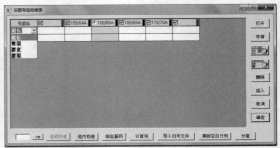

注意，也可以不使用编辑词典，直接在设置规格表对话框中输入号型和部位。

（6）设置基码，把光标放到需要设计基码的号型名上，单击指定基码即可。

（7）输入基码的规格尺寸，然后再设置组内档差，即成为系列规格尺寸表，此款筒裙，按照 5.2A 系列设置。

号型名	☑		☑155/64A	⊙160/66A	☑165/68A	☑170/70A	☑
裙长				63			
腰围				68			
臀围				92			
腰宽				3			

号型名	☑		☑155/64A	⊙160/66A	☑165/68A	☑170/70A
裙长			61	63	65	67
腰围			66	68	70	72
臀围			90	92	94	96
腰宽			3	3	3	3

（8）单击"设置号型规格表"右侧的存储，保存到第一步保存的位置，然后单击"确定"；此时尺寸表和文件已经保存完毕。

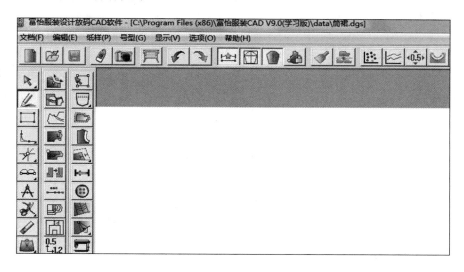

（9）开始制作筒裙，用智能笔拉框拖出矩形框，长为裙长－腰宽 =60cm，宽为臀围额/2=46cm，单击计算器（此处要注意，在 Windows 7 和 Windows 8 系统下，计算器图标被隐藏了，但是在叉号左侧单击，出现计算器），同时出现规格表中设置的基码的尺寸，单击输入即可。

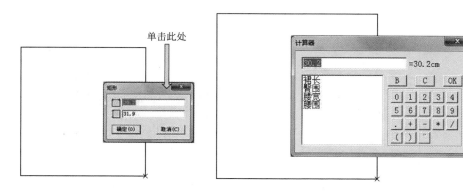

（10）输入数值后画出一个矩形框，然后再用智能笔做臀高线，号 /10+1=17cm（也可以用智能笔单击端点，或者用偏移点做）。

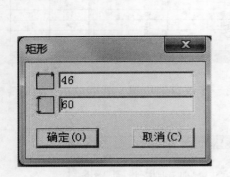 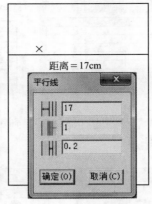 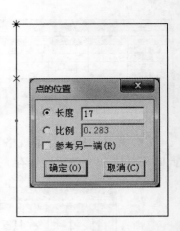

（11）用等份规 2 等分臀围线，然后用偏移点由中点往后中心偏移 1cm, 过此点分别向底摆线和腰围线做垂线。

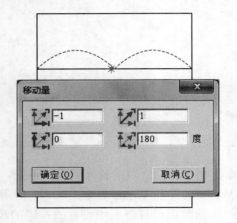 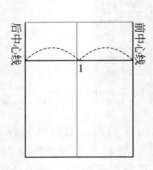

（12）先做前片，从前中心点沿着腰围线量取 $W/4+1+$ 省量（4）=22cm，过此点和前臀围点 (就是向后偏移 1cm 后的点)，前侧缝向内收 2cm 的位置点作出前侧缝线。

 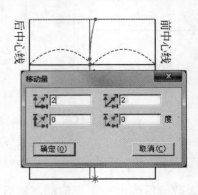

（13）沿着前侧缝线延长 0.7cm, 此点和前中心点直线连接，然后用智能笔调整到合适的曲线即可。

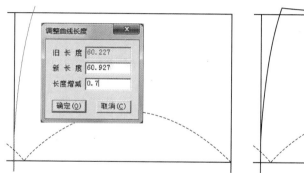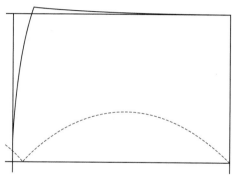

（14）用等份规 3 等分前腰围线，再用角度线过两个等分点作腰围线切线的垂线，垂线长分别为 9cm、10cm。

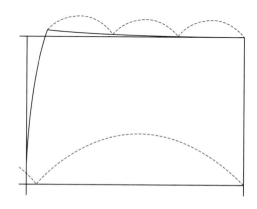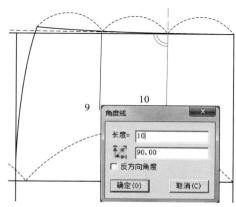

（15）用智能笔开省，或者用开省工具开省，这样前片外轮廓和省全部做完。

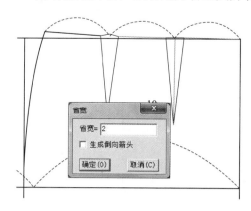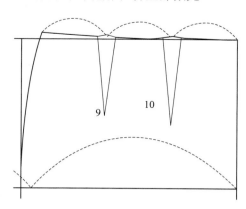

（16）同样的方法作出后片的外轮廓和省。

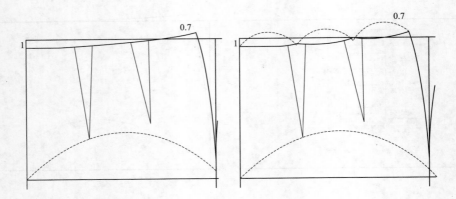

（17）完成前、后片，腰头。

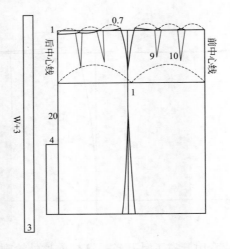

（18）拾取样片，可以删除多余辅助线然后拾取样片，也可以直接拾取，拾取后默认四周缝份为1cm。

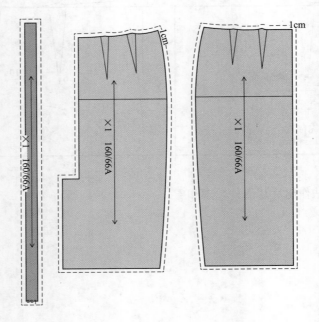

（19）对样片进行修改样片名称，操作方法：鼠标左键双击衣片列表框中需要修改的纸样，弹出"纸样资料"对话框，填上纸样资料，单击"应用"即可。

（20）修改缝份宽度，底摆选择合适的缝角，剪口、钻孔，对前片和腰头进行纸样对称，做纸样对称时选择了关联对称，这样后面推板时更直观一些。

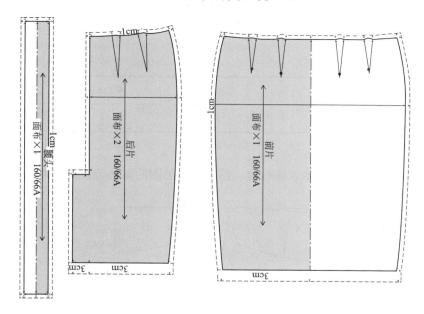

（21）如果觉得样片资料少，还想添加更多资料，可以单击菜单栏中的"选项"—"系统设置"，弹出"系统设置"对话框，单击布纹线设置，单击黑色小三角，可以添加更多的布纹线上的信息。

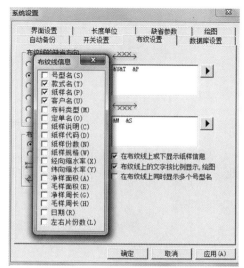

二、育克裙制版

1. 育克裙款式特点描述

无腰头，前后片均无省、育克分割，侧缝略微向外扩展，右侧缝装隐形拉链，此款适合春夏秋季节穿着。

2. 育克裙规格设计

单位：cm

号 型	部位	裙长（L）	腰围（W）	臀围（H）
160/66A	规格	55	68	92

3. 育克裙制版步骤

（1）文件的保存方法、规格表的设置，前面基础的图的做法请参照筒裙。

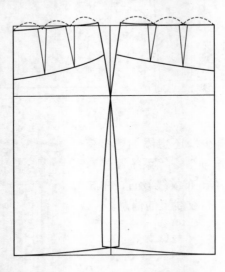

（2）分割育克，首先用剪断线工具剪断育克，然后用转省工具或者合并工具合并省。到此，省全部转移到育克分割线里。注意，合并省之前先打开省的开口。

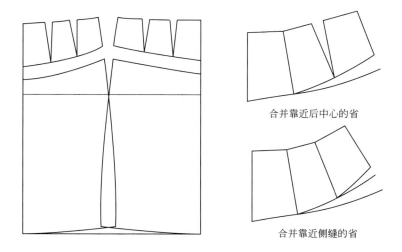

合并靠近后中心的省

合并靠近侧缝的省

（3）合并完省后修正一下分割线。

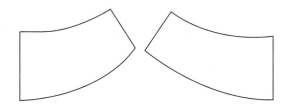

（4）用剪刀拾取外轮廓。

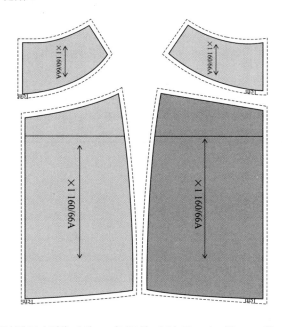

（5）前后中心线分别设计纸样对称，底摆修改缝份，加剪口，修改纸样名称和丝缕方向。也可以用比拼行走工具在侧缝位置加剪口。

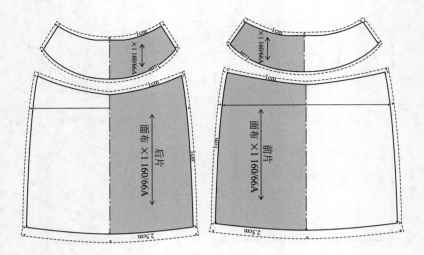

裙装部分拓展练习：单裥裙制版。

第二节　裤装CAD打版实例

任务二	裤装
学习目标	通过本项任务的学习掌握裤装的制版
任务描述	裤装部分是我们学习的基础任务，为之后的学习打下基础
知识准备	（1）复习上一节筒裙中使用的工具 （2）对称工具 （3）单圆规工具 （4）半径圆 （5）移动工具
任务实施	裤装款式描述、规格确定，然后依托筒裙讲解的打版工具使用方法，再学习做裤装中使用的工具条，同学们按照男西裤和牛仔喇叭裤进行练习CAD打版，最后可以选择其他牛仔裤款式进行练习工具的使用

教学重点：

（1）对称工具；

（2）单圆规工具；

（3）半径圆；

（4）移动工具。

一、男西裤制版

1. 男西裤款式特点描述

男西裤一般为锥形，装腰，腰条上装6～7个裤襻。前裆缝上端装门里襟、钉扣或装拉链。前片腰口设1个褶裥、1个腰省，后片腰口设1～2个腰省。侧缝上端设斜插袋，后片臀部左右两个双嵌线口袋。男西裤可供选择的面料品种很多，一年四季适宜穿着。

2. 男西裤规格设计

单位: cm

号 型	部位	裤长	腰围	臀围	脚口	腰宽
170/74A	规格	103	76	104	22	4

3. 练习使用工具

用智能笔、对称、调整线、角连接，绘制筒裙款式图。

4. 男西裤制版步骤

（1）先保存文件，然后建立号型系列规格表。

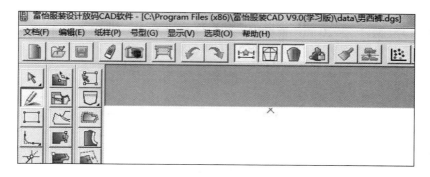

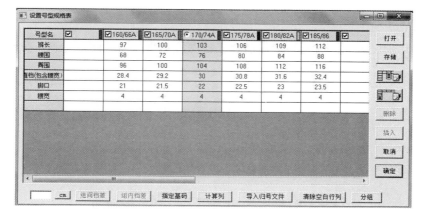

（2）先画出基础线：先定长度（裤长－腰宽=99cm），再定立档深（直档－腰宽=26.8cm），3等分立档深，过靠近左侧的1/3点，作出臀围线；再做臀围线和脚口线之间直线的2等分线，由中点向右偏移4cm，过此点作一条垂线，为中档线。

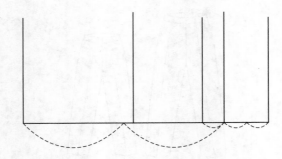

（3）在臀围线上量取前臀围（$H/4-1=25$cm），过前臀围点向立档深线和腰围线作水平线，然后量取小档宽（$H/20-1=4.2$cm），侧缝取偏移点 0.8cm，作出烫迹线。

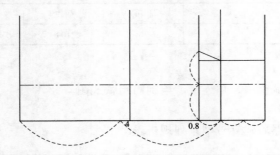

（4）前脚口 = 脚口 $-2=20$cm，前腰围 $=W/4-1+$ 褶（3.5）+ 省（1.5）$=23$cm，使用等份规、对称、调整工具、单圆规做出前片外轮廓、口袋和省。

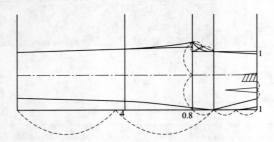

（5）把前片长度方向的线延长，作前片立档深线的平行线，间隔 1cm，在此基础上做后片外轮廓。

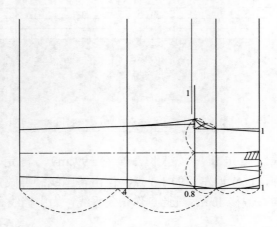

（6）使用智能笔、等份规、角度线、单圆规工具作出后片的基础线和外轮廓线，其中后臀围 $H/4+1=27$ cm，后腰围 $W/4+1+$ 省（4cm）$=24$ cm，烫迹线 $H/5-1=19.8$ cm，大裆宽 $H/10=10.4$ cm，后脚口 = 脚口 +2=24cm。

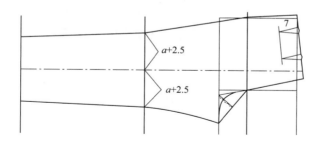

（7）用剪刀拾取前后片外轮廓，拾取方法一：可以删除多余辅助线，然后拉框拾取。方法二：按 Shift 键，用剪刀单击构成纸样的模宽拾取。方法三：直接单击要生成纸样的外轮廓线然后生成纸样。

（8）完成拾取样片后，此时纸样缝份为1cm，修改后中心缝份2.5cm-1cm，选择第二类加缝份修改脚口折边，缝份为4cm，用关联缝份修改内侧缝线在裆弯位置的缝角；然后修改布纹线方向和样片名称。

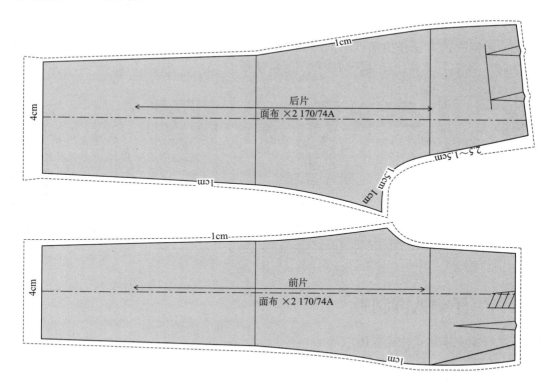

（9）加剪口和钻孔标记。

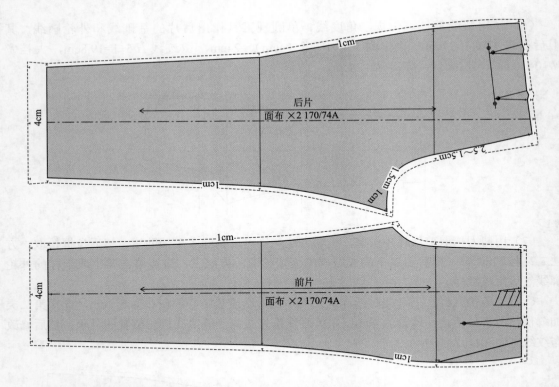

（10）用同样的方法作出男西裤的腰头、门襟、里襟、后口袋开口条、后口袋垫口条、斜插袋垫布、裤料，里料：斜插袋口袋布、后口袋布。

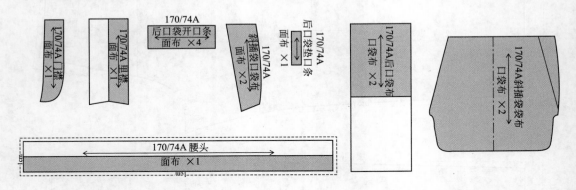

二、牛仔喇叭裤制版

1. 牛仔喇叭裤款式特点描述。

前门襟装拉链，前片无腰省，设月牙形口袋；后片无腰省，有育克分割，设有明贴袋；膝盖以上比较合体，膝盖下方比较宽松，脚口尺寸明显大于中档尺寸，呈现喇叭状，可一年四季穿着。

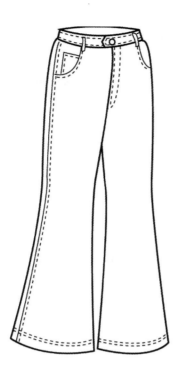

2．牛仔喇叭裤规格设计

单位：cm

号 型	部位	裤长	腰围	臀围	中档	脚口	腰宽
160/66A	规格	99	68	92	20	26	3

3．牛仔裤制版步骤

（1）建立文件，设置规格表。

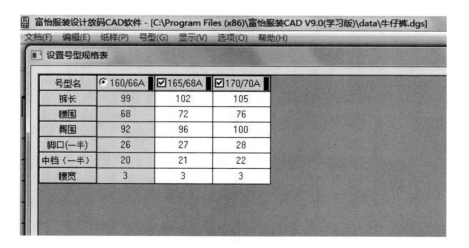

（2）用智能笔、等份规、移动量、角度线、单圆规工具，作出前、后片辅助线和轮廓。

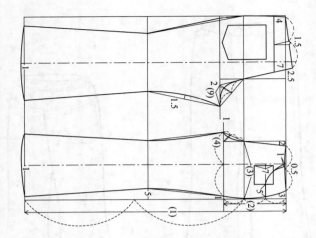

（3）前片分割口袋，合并后片的省，作出育克，并修正育克线；作育克时可用转省工具，也可以用育克合并工具。

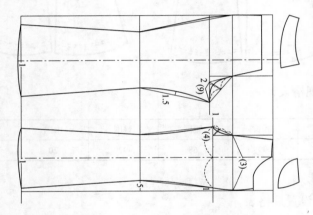

（4）剪刀拾取外轮廓，然后修改缝份量、样片名称、布纹线方向、定位标记。

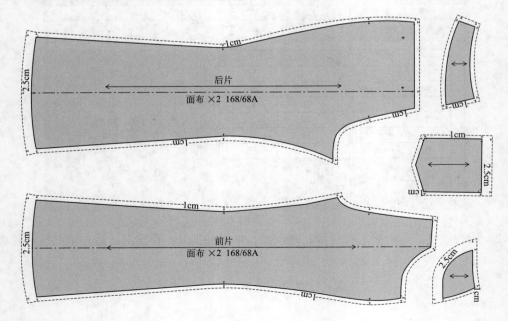

裤装部分拓展练习：（1）女西裤制版练习；（2）外贸订单裤子制版。

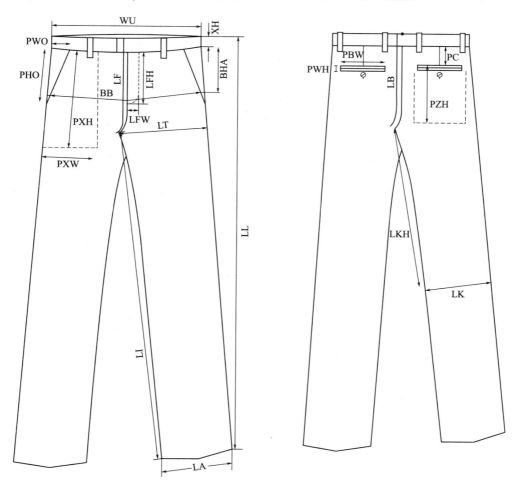

规格表如下：

单位：cm

WH	WU（1/2）	LFH	LFW	BHA	BB（1/2）	LT（1/2）	LF	LB	LKH	LK（1/2）
3.5	45	13	3	14.5	53	33	25	40.5	38	21.5
LA（1/2）	LI	LL	PHO	PWO	PXW	PXH	PC	PWH	PZH	PBW
19	85	108	16	3.5	17.5	24	6	1	17	14

第三节 衬衫 CAD 打版实例

任务三	衬衫
学习目标	通过本项任务的学习掌握衬衫的制版
任务描述	衬衫作为日常服装，要掌握其 CAD 制版的方法，以及变化款式衬衫的打板使用的工具

续表

任务三	衬衫
知识准备	（1）利用前几款中使用的工具 （2）褶铜工具 （3）调整工具中的合并调整对领窝和袖窿进行修正 （4）拼接工具
任务实施	男衬衫款式描述、规格确定，然后依托前面讲解的打版工具使用方法，再学习做衬衫中使用的工具条，同学们按照男、女衬衫进行练习 CAD 打版，最后可以选择其他衬衫款式进行练习工具的使用

教学重点：

（1）褶铜工具；

（2）拼接工具；

（3）调整工具中的合并调整对领窝和袖窿进行修正。

一、男衬衫制版

1. 男衬衫款式特点描述

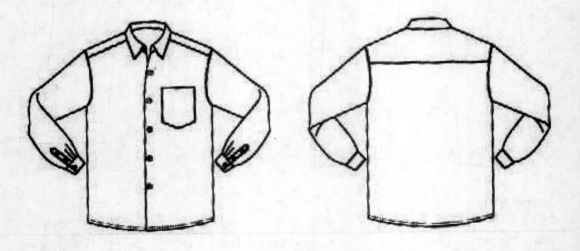

衣身为四开身结构，平下摆，直腰身，前门有六粒扣；衣领为关门立翻领结构；衣袖为一片长袖，装袖头，并设宝剑头造型袖开衩；男衬衫整体造型宽松，舒适。选用轻薄的棉、涤等面料制作。

2. 男衬衫规格设计

单位：cm

号型	部位	衣长	胸围	肩宽	领围	袖长
170/88A	规格	72	108	46	39	58

3. 男衬衫制版步骤

（1）先保存文件，然后建立号型系列规格表。

号型名	☑	☑160/80A	☑165/84A	⊙170/88A	☑175/92A	☑180/96A	☑
L		68	70	72	74	76	
B		100	104	108	112	116	
S		43.6	44.8	46	47.2	48.4	
N		37	38	39	40	41	
SL		55	56.5	58	59.5	61	
CW		23	24	25	26	27	

（2）用智能笔、等份规、偏移点、角度线工具作出衬衫的前后片轮廓线。

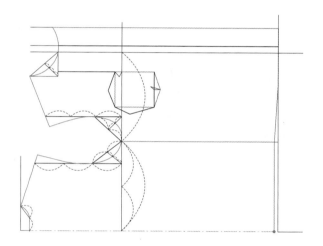

（3）然后用合并调整工具修正袖窿和领窝线（在前面的裤装中也可以合并内档缝线然后调整前后档弯弧线）。合并调整袖窿：单击后、前袖窿弧线，然后单击右键；再单击后、前肩线，单击右键；弹出合并调整对话框，根据需要进行调整到合适弧线，单击右键调整结束。合并调整领窝弧线：单击前、后领窝弧线，单击右键；再单击前、后肩线，单击右键，弹出"合并调整"对话框，调整前后领窝弧线到合适位置即可。

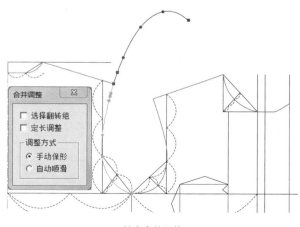

袖窿合并调整

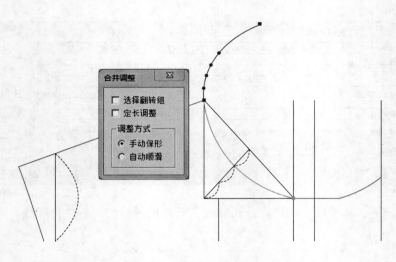

领窝合并调整

（4）作出育克分割与合并。用智能笔的相交等距线功能作出前片的育克宽度 3cm，然后用剪断线工具打断相关的位置点，用移动工具分别把前后片的育克部分分割开；最后用对接工具把育克合并到一起，依次单击前后片肩端点，前后片颈肩单击右键，然后依次框选或者点选前片育克部分，单击右键结束。

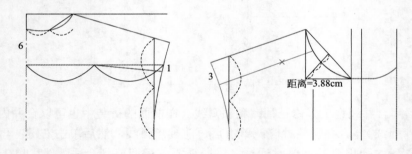

作出前后片的育克

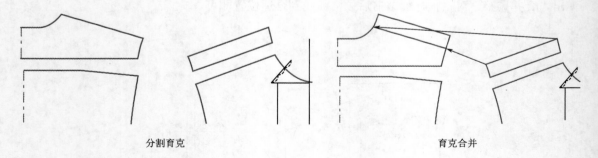

分割育克   育克合并

（5）再作出袖子和领子部分。

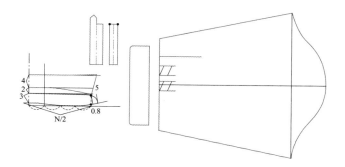

（6）拾取样片，并修改样片名、份数和布纹线方向、缝边宽度，剪口和钻孔标记。

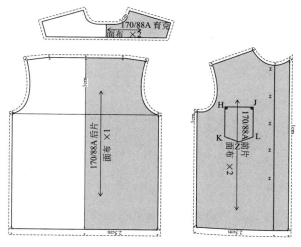

前片、后片、育克

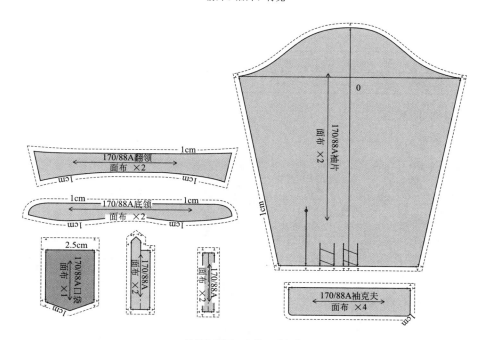

袖子和领子、口袋、零部件

男衬衫部分拓展练习：在纸样设计系统里设计一款男衬衫，画出款式图，自行确定规格，并制作工业化样板，然后进行 3 个号型的推板。

二、女衬衫制版

1. 女衬衫款式特点描述。

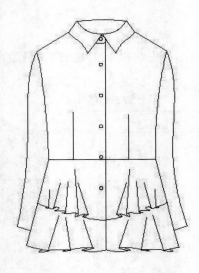

前片收腰省，腰围设分割线，腰围线以下为双层下摆，衣服摆围比较大，自然形成波浪，前中心装有 6 粒扣；后片和前片结构一样，后中心不断开，后片也设有腰省，领子为立翻领，袖子为一片合体袖。

2. 女衬衫规格设计

单位：cm

号型	部位	衣长	胸围	肩宽	领围	袖长	袖口
160/84A	规格	64	94	39	39	56	24

3. 女衬衫制版步骤

（1）建立文件，设置规格尺寸表，并保存文件。

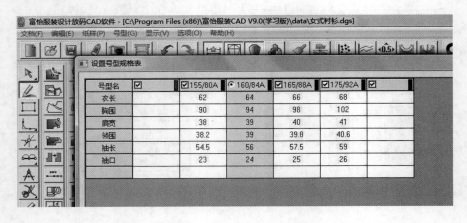

（2）用智能笔、等份规、角度线，偏移点工具作出前后片的结构线。

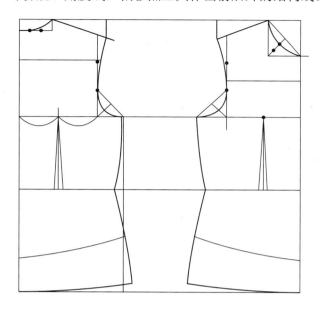

（3）把前后片从腰节处分割开，做褶裥展开。

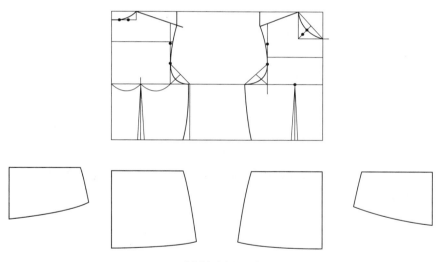

分割前后片腰节线

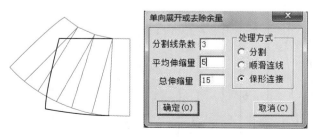

下层展开

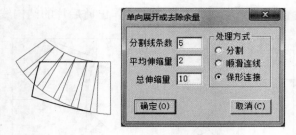

上层展开

（4）领子、袖子的做法略，拾取外轮廓。

（5）最后修改单边缝份和样片名称、布纹线方向、样片份数，加剪口和对省位进行钻孔。

女衬衫部分拓展练习：

（1）女衬衫，款式图如下，规格自行设计。

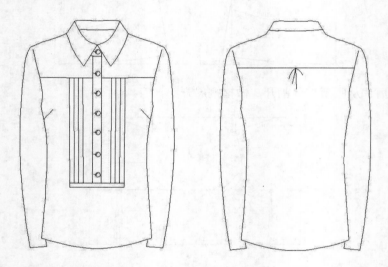

（2）女式衬衫，按照下列款式，绘制款式图，然后以 160/84A 为基码，进行规格设计，然后做出工业样板。

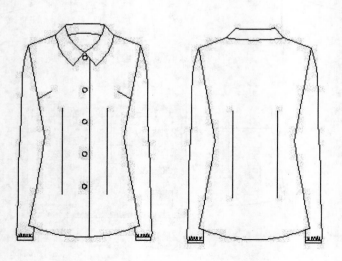

第四节　女时装 CAD 打版实例

任务四	女时装
学习目标	通过本项任务的学习掌握女时装的制版
任务描述	作为一款常见的女性服装，掌握女时装的 CAD 制版的方法，以及变化款式的打版
知识准备	（1）利用前几次课中使用的工具 （2）调整工具中的合并调整对领窝和袖窿、分割线进行修正 （3）扣眼和剪口工具的使用方法
任务实施	女时装款式描述、规格确定，然后依托前面讲解的男衬衫的工具使用方法，再学习同学们按照女时装进行练习 CAD 打版，最后可以选择其他女上装款式进行练习

1. 女时装款式特点描述。

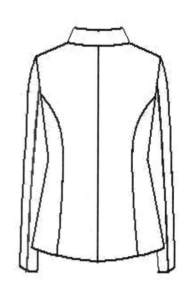

　　四开身结构，驳领，平下摆，前门襟三粒扣，从袖窿处做分割到侧缝，后片从袖窿处做分割到底摆，收腰合体，衣身呈现 X 造型，袖子为合体两片袖。

2. 女时装规格设计

单位：cm

号型	部位	衣长	胸围	肩宽	腰围	袖长	袖口
160/84A	规格	56	92	39	72	56	26

3. 女时装制版步骤。

（1）建立文件，并设置规格表，然后保存。

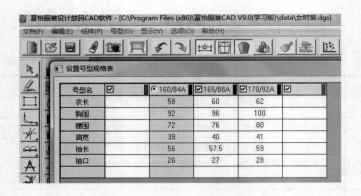

（2）用智能笔作出基础线框，等份规、角度线、偏移点工具、平行线等工具作出前后片、领子、袖子结构线。

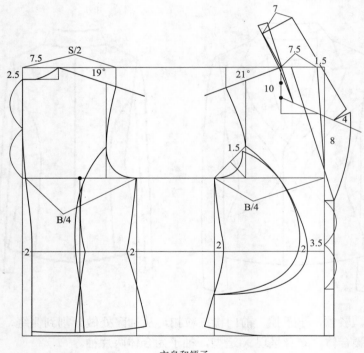

衣身和领子

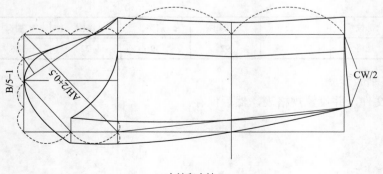

大袖和小袖

（3）拾取样片，修改缝份、样片名称、布纹线方向、剪口和扣眼。

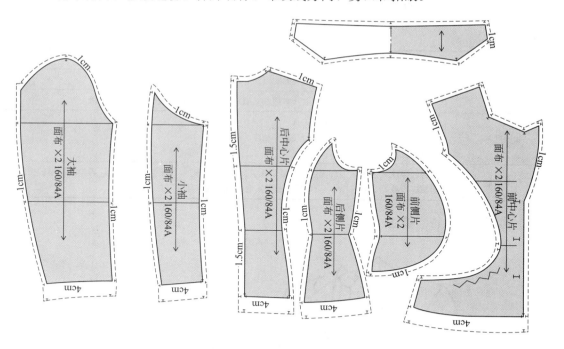

女时装部分拓展练习：根据下列款式图自行设计规格、制版、推板不少于 5 个号型。

第五节　男西装 CAD 打版实例

任务五	男西装
学习目标	通过本项任务的学习掌握男西装的制版
任务描述	男西装是一款常见的男性服装，掌握其 CAD 制版的方法，以及变化款式的打版
知识准备	（1）利用前几次课中使用的工具 （2）调整工具中的合并调整对领窝和袖窿、进行修正 （3）驳头的做法，圆角工具的使用
任务实施	男西装款式描述、规格确定，然后依托前面讲解的女时装的工具使用方法，再学习同学们按照男西装进行练习 CAD 打版，最后可以选择其他男装款式进行练习

1．男西装款式特点描述

单排扣，平驳领，三粒扣，三开身结构，圆下摆，左胸有一个手巾袋，左驳头插花眼一个，前衣身下方左右两侧各设一个带袋盖的双嵌线口袋，腰节处收腰省、腋下省，后身中缝可设开衩。袖型为圆装两片袖，袖口有开衩并设三粒装饰扣。

2．男西装规格设计

单位：cm

号型	部位	衣长	胸围	肩宽	袖长	袖口
170/88A	规格	74	106	45	58	30

3．男西装制版步骤

（1）建立文档，设置号型规格表，并保存到文件夹。

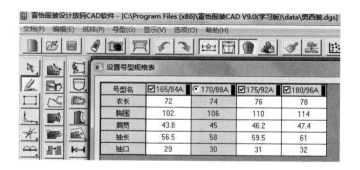

（2）用智能笔先作出衣长（74cm），确定前中心线，袖窿深（$B/5+4$），腰节线（号$/4$），然后再确定后中心（从前中心到后中心距离 $B/2+2$）。

（3）智能笔或者矩形工具做出后领深（2.5cm）、后领宽($0.085B$)。

（4）量取后肩宽、后肩线（可以用角度前20°，后18°，或者前落肩 $B/20+0.5$，后落肩 $B/20-0.5$），作出领窝弧线，并修正。

（5）智能作出后背宽及后袖窿，后背宽($B/6+2.5$)，然后作出后袖窿弧线，用智能笔或者调整工具调整袖窿弧线直至圆顺。

（6）后中心胸围撇进去 0.6cm，腰围处 2cm；侧缝线在腰围收省 2cm，侧缝底摆收进 1cm。用智能笔做侧缝线和后中心线，并调整弧线，后片底摆上台 2cm。

（7）智能笔作出前领深（$0.085B-1$）和前领宽（$0.085B$）。

（8）用智能笔作出前肩宽（$S/2-0.5$），前落肩（$B/20+0.5$），作出前肩斜线。

（9）前胸宽（$B/6+1.5$），作出前袖窿弧线，然后依次作出腋下侧缝、省和口袋。

（10）最后作出搭门（2.5cm），用圆角工具作出下摆。

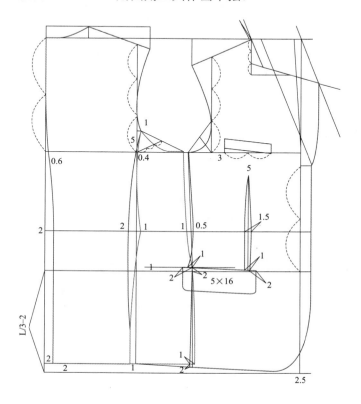

（11）作出领子和袖子。

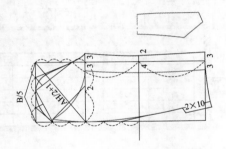

（12）拾取样片，修改布纹线的方向、缝份宽度、文字标记和定位标记。

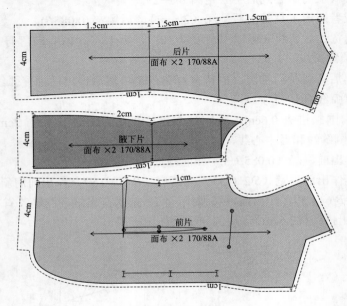

前片、腋下片、后片

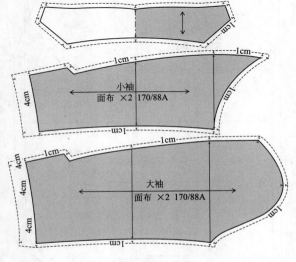

大袖、小袖、领子

拓展练习：绘制枪驳领男西装的面料样板。

第六节　文化式女装原型服装 CAD 应用实例

任务六	省道转移
学习目标	通过本项任务的学习省道转移
任务描述	文化式女装原型作为上装的基本型，对其进行省道转移，丰富女装款式变化
知识准备	（1）利用前几次课中使用的工具；（2）转省工具；（3）旋转工具；（4）合并工具
任务实施	结合同学们服装结构设计课程上的手工转省的款式，然后利用服装 CAD 中的转省工具来具体操作，最后可以自己设计款式或者用拓展中的款式进行练习

1. 日本文化式女上装原型

可以用素材库中的模板，也可以自己绘制。

胸围：84cm，背长：38cm，腰围 68cm。

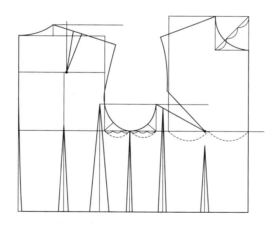

2. 省道转移

注意：转省之前一定要打开省的开口。

（1）省全部转移到肩部：

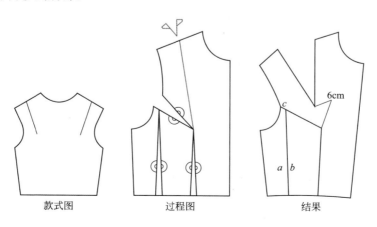

| 款式图 | 过程图 | 结果 |

操作方法：

① 在原型上作出新省线，然后合并侧缝省；

② 用转省工具拉框选中需要合省的部分，单击右键；单击新省线 c，单击右键；然后依次单击 a,b，单击右键，侧缝省转移完成，然后再用同样的方法把袖窿省和腰省转移到肩；

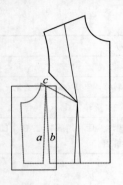 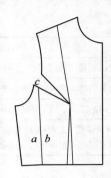 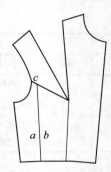

③ 修正新的省尖位置。

（2）前中心抽褶：

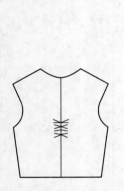 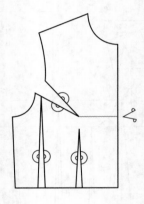 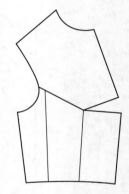

该款式和第一款基本一致，但是如果前中心转过去省之后，可以再次展开增加褶量。用剪断线工具剪断侧缝和前中心线，用旋转工具旋转 M 部分，输入间隔量即可。

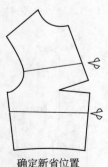

确定新省位置

旋转 M 部分

旋转 N 部分

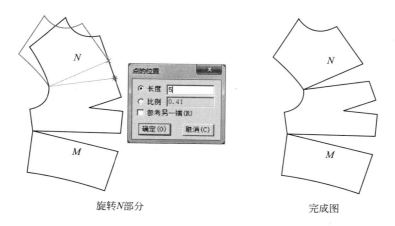

旋转N部分　　　　　　　　　　　　完成图

（3）省转到腰线，操作方法同第一款。

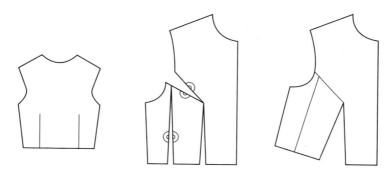

（4）领省和腰省：

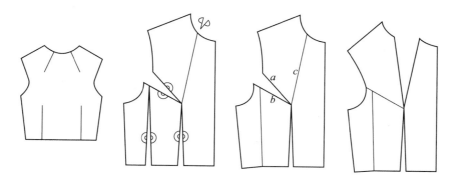

操作方法：

① 靠近侧缝的腰省转移到袖窿省；

② 用转省工具框选需要转省的部分，单击右键；单击新省线 c，单击右键；依次单击袖窿省线 a、b，单击右键结束；

③ 修正省尖位置。

（5）部分省转移，在单击合并的最后一条省线时别忘记按着 Ctrl 键。

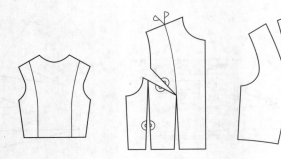

操作方法：

① 先把侧缝省转到袖窿省处；

② 把袖窿省一部分转移到肩部；用转省工具框选需要转省的部分，单击右键；然后单击 c 线，单击右键；单击 b 线，在单击 a 线时按着 Ctrl 键，弹出部分省转移对话框，根据需要选择按比例或者按距离，输入数据即可，单击"确定"。

③ 把袖窿省剩余的那部分转移到腰省；用转省工具框选需要转省的部分，单击右键；单击 d 线，单击右键；依次单击 a、b 线，单击右键。

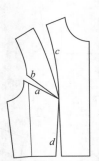

侧缝省转移到袖窿省　　　袖窿省一部分转移到肩省　　　把袖窿省剩余的部分省转移到腰省

（6）无断缝的缩褶：

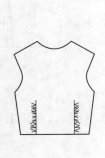
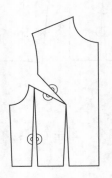
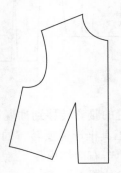

操作方法：

① 把靠近侧缝位置的腰省和袖窿省全部转移到靠近前中心的腰省；

② 作出褶的位置，然后用褶展开工具展开需要做褶的部分。

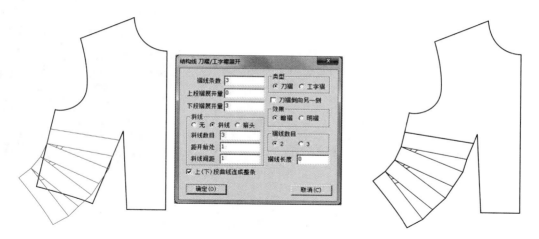

拓展练习：按照下列款式，做出样板。

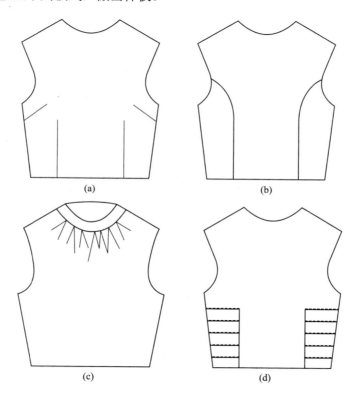

第四章

富怡 CAD V9.0 放码系统

　　放码系统也叫推板系统，它的作用是把同一款式的样板，由一个规格变为多个规格，从而加快我们的生产效率。服装 CAD 放码的好处在于利用先进的数字化仪，可以样板输入，然后在电脑上进行修改样板与放码，然后进行利用绘图仪输出打印，整个过程中节省了大量操作时间，提高了样板房的工作效率。

　　常见的放码方式有：

　　（1）点放码：服装 CAD 中最普及的一种放码方式，与国内版师制版方式也比较吻合，利用设定基准线、基准点的方式，通过常规经验或者比例参数等方法给出放码量，然后根据基准线点的定位进行数据的合理分配，CAD 操作引入了数学数轴的概念，也就是 X/Y 轴，加入了正负限制方向，只需要输入放码数据即可；一般点放码中都有均码或者不均码的概念，为了方便操作一般也加入了取反、复制、角度旋转放码等必要操作。

　　（2）线放码：相对点放码不太常用，因为在数据设定上是采用的制定分割线然后分配部位放码数据的原理，因此虽然 CAD 操作中相对简单，只需要设定分割线以及基准点，输入数据即可；但是因分割位置与数据分配常造成放码不准确或者样板发生变化，因此一般非经验的版师很少使用。

　　（3）量体放码：它在使用中一般主要针对单量单裁定制加工版师，一般是通过主要部位数据公式控制，然后进行放码，CAD 操作并不难，但对部位公式的要求比较高，因此初学者一般很少使用。

　　（4）自动放码：在很多 CAD 软件中都已经体现，但一般配合公式法制图出现，自主设计尤其复杂，女装类款式相对很少使用。

第一节　放码工具介绍

1. 平行交点

用于纸样边线的放码，用过该工具后与其相交的两边分别平行。常用于西服领口的放码。

操作方法：

单击 *A* 点，领口线分别平行于基码的领口线，这样做的目的是保证同一款式不同规格的领子是一样的（注意：操作前按 **Ctrl** 键 +**F**，显示放码点，再单击 *A* 点）。

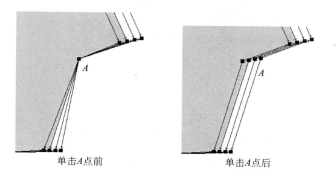

单击*A*点前　　　　　　　　单击*A*点后

2. 辅助线平行放码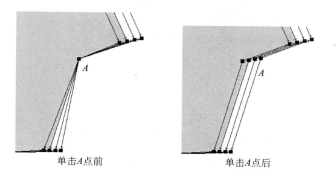

针对纸样内部线放码，用该工具后，内部线各码间会平行且与边线相交。

操作方法：

（1）用该工具单击或框选辅助线（线 *a*）；

（2）再单击靠近移动端的线（线 *b*）。

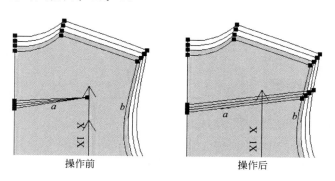

操作前　　　　　　　　　操作后

3. 辅助线放码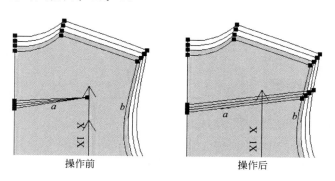

相交在纸样边线上的辅助线端点按照到边线指定点的长度来放码（如下图所示，*A* 至 *B* 的曲线长）。

操作方法：

（1）用该工具在辅助线 A 点上双击，弹出"辅助线点放码"对话框；

（2）在对话框中输入合适的数据，选择恰当的选项；

（3）单击"应用"，然后关闭。

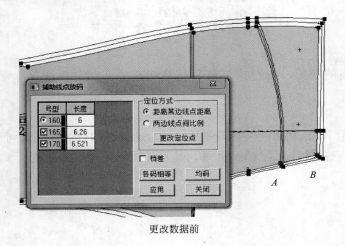

更改数据前

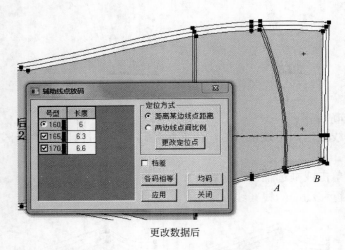

更改数据后

4．肩斜线放码

使各码不平行肩斜线平行。

操作方法：

（1）肩点没放码，按照肩宽实际值放码。

① 用该工具分别单击后中线的两点；

② 再单击肩端点，弹出"肩斜线放码"对话框，输入合适的数值，选择恰当的选项，"确定"即可。

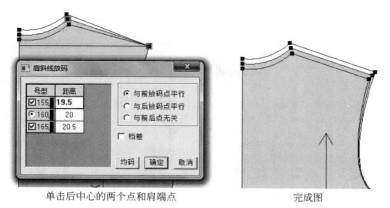

单击后中心的两个点和肩端点   完成图

（2）肩点放过码：

① 单击布纹线（也可以分别单击后中线上的两点）；

② 再单击肩点，弹出"肩斜线放码"对话框，如下图所示选择第一项，"确定"即可。

5. 各码对齐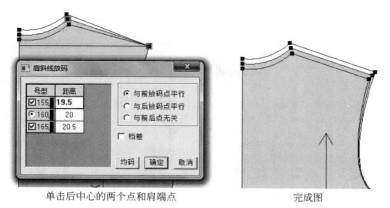

将各码放码量按点或剪口（扣位、眼位）线对齐或恢复原状。

操作方法：

（1）用该工具在纸样上的一个点上单击，放码量以该点按水平垂直对齐；

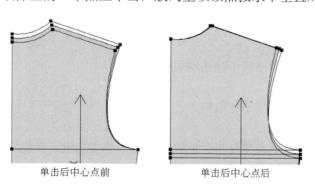

单击后中心点前   单击后中心点后

（2）用该工具选中一段线，放码量以线的两端连线对齐；

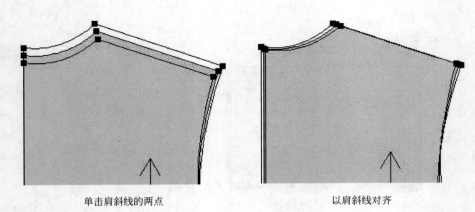

单击肩斜线的两点 以肩斜线对齐

（3）用该工具单击点之前按住 **X** 为水平对齐；

（4）用该工具单击点之前按住 **Y** 为垂直对齐；

（5）用该工具在纸样上单击右键，为恢复原状。

6．拷贝点放码量 ▦

拷贝放码点、剪口点、交叉点的放码量到其他的放码点上。

操作方法：

（1）单个放码点的拷贝：用该工具在有放码量的点上单击或框选，再在未放码的放码点上单击或框选。

（2）多个放码点的拷贝：用该工具在放了码的纸样上框选或拖选，再在未放码的纸样上框选或拖选。

（3）把相同的放码量连续拷贝多个放码点上：按住 **Ctrl** 键，用该工具在放了码的纸样上框选或拖选，再在未放码的纸样上框选或拖选。

（4）只拷贝其中的一个方向或反方向，在对话框中选择即可。

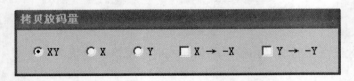

7．点随线段放码 ▦

根据两点的放码比例对指定点放码。

8．设定 / 取消辅助线放码 ▦

辅助线随边线放码，辅助线不随边线放码。

9．平行放码 ▦

对纸样边线、纸样辅助线平行放码。

操作方法：

（1）用该工具单击或框选需要平行放码的线段，单击右键，弹出"平行放码"对话框；

（2）输入各线各码平行线间的距离，"确定"即可。

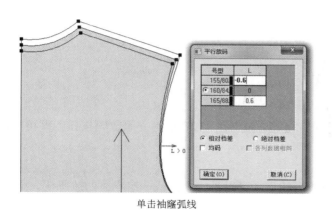
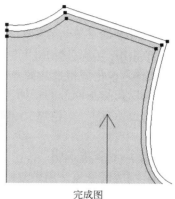

单击袖隆弧线　　　　　　　　　　　　　　　　完成图

10. 档差标注 ![0.5 L1.2]

给放码纸样加档差标注。

操作方法：

（1）加档差标注：

① 用该工具在工作区空白处单击，会弹出"生成档差标注"对话框；

② 选择合适的选项，"确定"即可。

（2）对部分的放码点添加档差标注：用该工具单击或框选需要添加档差标注的放码点即可。

（3）删除档差标注：按住 Shift 键，用该工具在工作区空白处单击，在弹出的对话框中选择恰当的选项确定即可。

（4）对部分的放码点删除档差标注：

① 按住 Shift 键，用该工具单击或框选需要删除档差标注的放码点即可；

② 把该工具光标移到标注上，标注变亮后按 Delete 键即可删除标注。

（5）更改标注位置：用该工具单击标注并拖动至目标位置。

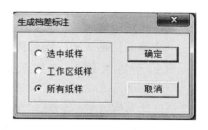

第二节　筒裙放码

由于筒裙结构相对简单，这里分别采用点放码和线放码的方式操作。

1. 点放码表

对单个点或多个点放码时用的功能表。

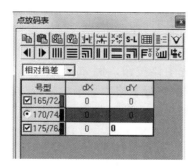

操作方法：

（1）单击号型菜单—号型编辑，设置各码的型号及颜色；

（2）单击 ![icon] 图标，弹出"点放码表"；

（3）用 ![icon] 单击或框选放码点，dx、dy 栏激活；

（4）可以在除基码外的任何一个码中输入放码量；

（5）再单击 ![icon]（X 相等）、![icon]（Y 相等）或 ![icon]（XY 相等）等放码按钮，即可完成该点的放码。

2．点放码表参数说明

（1）复制放码量 ![icon]：用于复制已放码的点（可以是一个点或一组点）的放码值。

操作方法：

① 用选择纸样控制点，单击或框选或拖选已经放过码的点，点放码表中立即显示放码值；

② 单击复制放码量按钮，这些放码值即被临时储存起来（用于粘贴）。

（2）粘贴 XY 放码量 ![icon]：将 X 和 Y 两方向上的放码值粘贴在指定的放码点上。

操作方法：

① 在完成复制放码量命令后，单击或框选或拖选要放码的点；

② 单击粘贴 XY 放码量按钮，即可粘贴 XY 放码量。

（3）粘贴 X ![icon]：将某点水平方向的放码值粘贴到选定点的水平方向上。

操作方法：

① 在完成复制放码量命令后，单击或框选某一要放码的点；

② 单击粘贴 X 按钮，即可粘贴 X 放码量。

（4）粘贴 Y ![icon]：将某点垂直方向的放码值粘贴到选中点的垂直方向上。

操作方法：

① 在完成复制放码量命令后，单击或框选某一要放码的点；

② 单击粘贴 Y 按钮，即可粘贴 Y 放码量。

（5）X 取反 ![icon]：使放码值在水平方向上反向，就是某点的放码值的水平值由 +X 转换为 -X，或由 -X 转换为 +X。

操作方法：选中放码点，单击该按钮即可。

（6）Y 取反 ![icon]：使放码值在垂直方向上反向，就是某点的放码值的 Y 取向由 +Y 转换为 -Y，或由 -Y 转换为 +Y。

操作方法：选中放码点，单击该按钮即可。

（7）XY 取反 ![icon]：使放码值在水平和垂直方向上都反向，换句话说，是某点的放码值的 X 和 Y 取向都变为 -X 和 -Y，反之也可。

操作方法：选中放码点，单击该按钮即可。

（8）根据档差类型显示号型名称 ![icon]：没选中该按钮时，号型下方显示的号型名称与号型规格表中的号型名称一致。选中该按钮，例如有 S、M(基码)、L、XL、XXL 五个号型，同时选中相对档差时，号型下方的每行表格中显示本号型与相邻号型（基码除外），如 S-M、M、L-M、XL-L、XXL-XL ；如果选中绝对档差时，号型下方的每行表格中显示本号型与基码，如 S-M、M、L-M、XL-M、XXL-M ；如果选中从小到大，号型下方为 S-M、M-L、L-XL、XL-XXL、XXL。

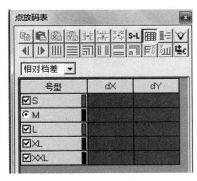

未选中该工具按钮

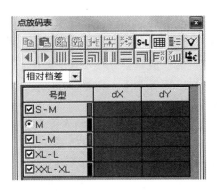

选中该工具按钮

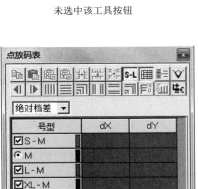

选中该工具下绝对档差的显示

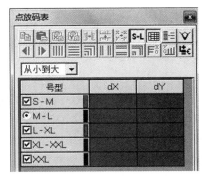

选中该工具下从小到大的显示

（9）所有组 ▦：应用于分组情况。均等放码时，如果未选中该按钮，放码指令只对本组有效。如果选中该按钮，在任一分组内输入放码量，再用放码指令，所有组全部放码，这样大大提高了工作效率。

（10）角度放码 ▽：在放码中，工作区内的坐标轴可以随意定义，这个随意性就由角度命令来控制。箭头方向被定义为坐标轴的正方向，短的一边为 x 方向，长的一边这 y 方向。下图选中的是后切线方向。

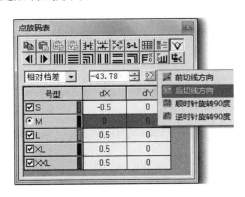

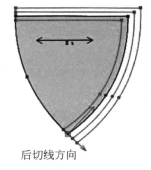

后切线方向

操作方法：

① 单击"点放码表"对话框中的角度放码按钮；

② 单击 ▷▷ 按钮，弹出下拉菜单，单击选择其中的内容，设定角度坐标轴；

（11）前一放码点 ◀️：用于选中前一个放码点。纸样边线上的各放码点按顺时针方向区分前后，位于前面的称前一放码点，后面的为后一放码点。

（12）后一放码点 ▶️：用于选中后一个放码点。

（13）X 相等 ⫴：该命令可以使选中的放码点在 X 方向（即水平方向）上均等放码。

操作方法：

① 选中放码点，"点放码表"对话框的文本框激活；

② 在文本框中输入放码档差；

③ 单击该按钮即可。

（14）Y 相等 ☰：该命令可以使选中的放码点在 Y 方向（即垂直方向）上均等放码，操作方法同 X 相等。

（15）X、Y 相等 ☑️：该命令可使选中的放码点在 X 和 Y（即水平和垂直方向）两方向上均等放码。

（16）X 不等距 ⫼：该命令可使选中的放码点在 X 方向（即水平方向）上各码的放码量不等距放码。

操作方法：

① 单击某放码点，点放码表对话框的文本框显亮，显示有效；

② 在点放码表文本框的 dX 栏里，针对不同号型，输入不同的放码量的档差数值，单击该命令即可。

（17）Y 不等距 ☰：该命令可使选中的放码点在 Y 方向（即垂直方向）上各码的放码量不等放码。

（18）X、Y 不等距 ☑️：该命令对所有输入到点放码表的放码值无论相等与否都能进行放码。

操作方法：

① 单击要放码的点，在点放码表的文本框中输入合适的放码值；有多少数据框，就该输入多少数据，除非放码值为零。

② 单击该按钮。

（19）X 等于零 ⊞：该命令可将选中的放码点在水平方向（即 X 方向）上的放码值变为零。

（20）Y 等于零 ⊞：该命令可将选中的放码点在垂直方向（即 Y 方向）上的放码值变为零。

（21）自动判断放码量正负 ⊞：选中该图标时，不论放码量输入是正数还是负数，用了放码命令后计算机都会自动判断出正负。

3．筒裙点放码

（1）调出前面制版的筒裙样板，然后单击快捷工具栏中的点放码表。

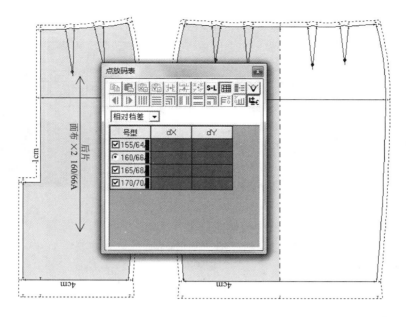

（2）用选择纸样控制点工具框选需要放码的点，注意一个点放码结束后需要在空白处单击右键，然后再选择新的控制点，如果几个放码点的某个方向的放码数值一样，可以一次拉框选中多个放码点进行放码。

（3）基准线为前后中心线和臀围线。

（4）放码时可以按 F7 键，只显示净样线，这样在放码过程中更清楚。

（5）前、后片和腰头的放码。

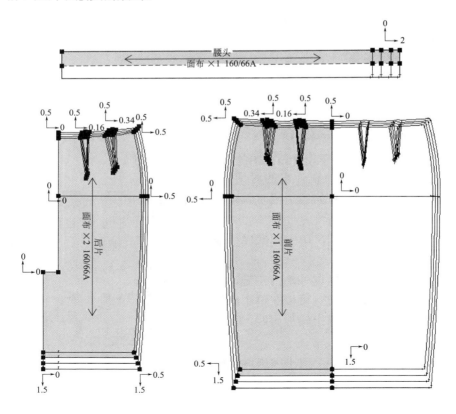

4. 线放码

用该表可以用输入线的方式来放码。

操作方法：

（1）单击号型菜单—号型编辑，设置各码的型号及颜色；

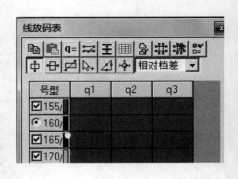

（2）单击 图标，弹出线放码表；

（3）在纸样上输入恰当的放码线；

（4）用 选择放码线工具选中放码线，输入合适的放码量，单击"应用""放码"即可。

5. 线放码表参数说明

（1）复制 ：用于复制放码线中放码量。

（2）粘贴放码量 ：将放码值粘贴在指定的放码线上。

操作方法：

① 在完成复制放码量命令后，用选择放码线 工具单击或框选没有放码量的放码线；

② 单击 按钮，即可粘贴放码量。

（3）q_1, q_2, q_3 数据相等 ：选中该按钮，在 q_1, q_2, q_3 任一个中输入放码量，q_1, q_2, q_3 三组数据自动会相等。没选中该按钮时，q_1, q_2, q_3 中可输入不同的放码量。

（4）工作区全部放码线 ：选中该按钮，向任意一条放码线输放码量时，工作区全部放码线都会输入相同放码量。否则只给选中的放码线输入放码量。

（5）均码 ：选中该按钮，在其中一个非基码中输入放码量，其他码会自动均码。没选中该按钮时，各码可输入不同的放码量。

（6）所有组 ：应用于分组情况。均等放码时，如果未选中该按钮，放码指令只对本组有效。如果选中该按钮，在任一分组内输入放码量，再用放码指令，所有组全部放码，这样大大提高了工作效率。

（7）对工作区全部纸样放码 ：选中该按钮，单击"放码"时，工作区中全部纸样都放码。否则只对选中纸样放码。

（8）显示/隐藏放码线 ：选中该按钮显示放码线，否则会隐藏放码线。

（9）清除放码线 ：删除放码线。

（10）线放码选项 ：用于设置纸样中的各类图元是否放码。

操作方法：单击该按钮，在弹出的对话框中，单击图元前的复选框，使其打勾线放码时就跟着放码，否则不参与放码。

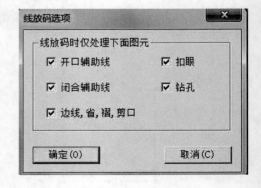

（11）输入垂直放码线 ：用于在纸样上输入垂直方向放码线。

操作方法：用该工具在纸样外单击左键，拖动越过纸样再单击左键后击右键。可以在单个纸样上输入放码线，也可在多个纸样上输放码线，也可以中间加节点。

（12）输入水平放码线 ：用于在纸样上输入水平方向放码线。

（13）输入任意放码线 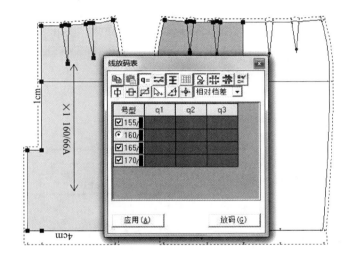：用于在纸样上输入任意斜向方向的放码线。

（14）选择放码线 ：用于在水平放码线、垂直放码线、任意放码线中输入放码量放码。

操作方法：用该工具单击放码线，在线放码表中输入放码量，单击"应用""确定"，即可。

（15）输入中间放码点 ：用于输入中间放码点。

操作方法：在放码线的中间输入中间放码点。

（16）输入基准点 ：用于设置放码基准点，从而决定衣片放码时的展开方向。

操作方法：

① 选中该工具，将光标移在纸样所选位置单击；

② 再按线放码表，放码按钮。

6．筒裙线放码

（1）单击快捷工具栏中的线放码工具。

（2）用输入垂直放码线和输入水平放码线工具作出放码线。

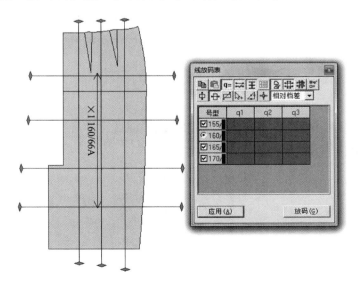

（3）用选择放码线工具选中垂直放码线，然后输入垂直、水平切开线的放码量，单击应用和放码（这里是三条垂直放码线，后臀围的放码量是 0.5cm；四条水平放码线，裙长放码量是 2cm）。

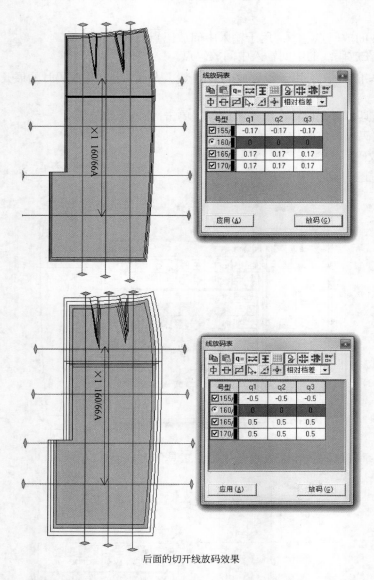

后面的切开线放码效果

（4）前片的切开线放码，先确定垂直和水平的放码线，然后输入垂直、水平切开线的放码量，单击"应用"和"放码"。

拓展练习：

（1）单裥裙的放码。

（2）同学们自己检验下两种放码方式的结果是否一致。

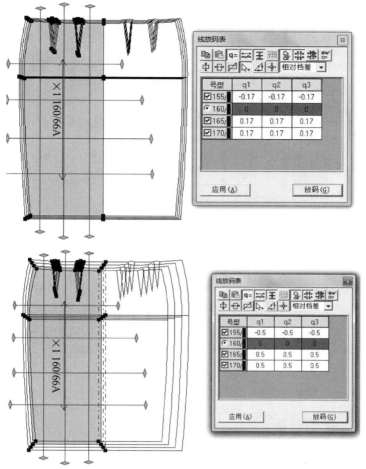

线放码表

号型	q1	q2	q3
☑155/	-0.17	-0.17	-0.17
◉160/	0	0	0
☑165/	0.17	0.17	0.17
☑170/	0.17	0.17	0.17

应用(A)　放码(G)

线放码表

号型	q1	q2	q3
☑155/	-0.5	-0.5	-0.5
◉160/	0	0	0
☑165/	0.5	0.5	0.5
☑170/	0.5	0.5	0.5

应用(A)　放码(G)

前片切开线放码效果

第三节　男西裤放码

男西裤采用点放码的方式。

（1）调出前面制版的男西裤样板，然后单击快捷工具栏中的点放码表。

（2）用选择纸样控制点工具框选需要放码的点，注意一个点放码结束后需要在空白处单击右键，然后再选择新的控制点，如果几个放码点的某个方向的放码数值一样，可以一次拉框选中多个放码点进行放码。

（3）基准线为前后烫迹心线和臀围线。

（4）规格表与母板。

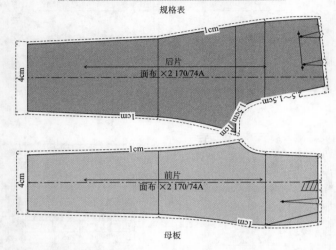

号型名	□165/72A	◉ 170/74A	□175/76A
裤长	100	103	106
腰围	72	76	80
臀围	100	104	108
脚口（一半）	21.5	22	22.5
腰宽	4	4	4
直档	29.2	30	30.8

规格表

母板

（5）前、后片放码：计算各个点的放码数值，在点放码表里输入即可。注意前面斜插袋放码，可以采用辅助线随边线放码。

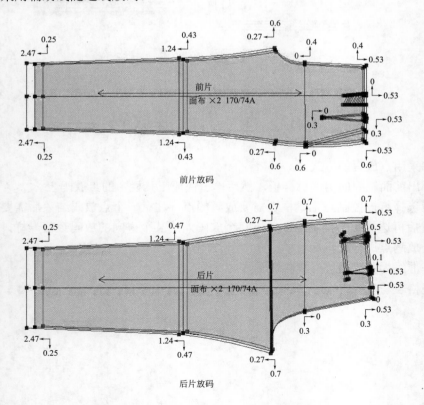

前片放码

后片放码

拓展练习：

（1）女西裤放码；

（2）牛仔裤放码。

第四节　男衬衫放码

男衬衫采用点放码的方式。

（1）调出前面制版的男衬衫样板，然后单击快捷工具栏中的点放码表。

（2）用选择纸样控制点工具框选需要放码的点，注意一个点放码结束后需要在空白处单击右键，然后再选择新的控制点，如果几个放码点的某个方向的放码数值一样，可以一次拉框选中多个放码点进行放码。

（3）前后片基准线为前后中心线和胸围线；育克部分基准线为后中心线和横向的分割线；袖子的基准线为袖中线和袖山高线；领子为后中心线。

（4）规格表与母板。

号型名	☑160/80A	☑165/84A	⦿170/88A	☑175/92A	☑180/96A
L	68	70	72	74	76
B	100	104	108	112	116
S	43.6	44.8	46	47.2	48.4
N	37	38	39	40	41
SL	55	56.5	58	59.5	61
CW	23	24	25	26	27

设置号型规格表

规格表

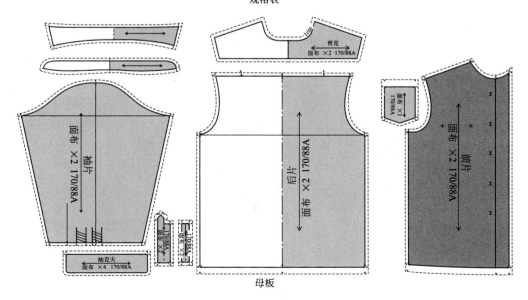

母板

（5）衬衫推板：

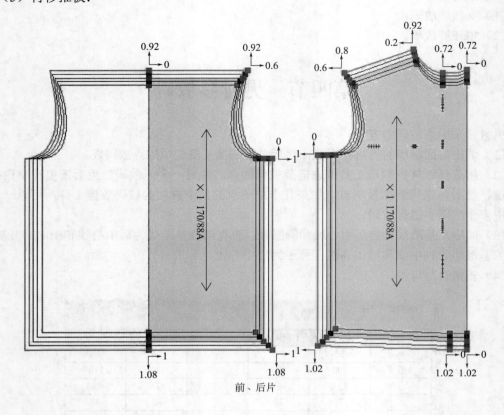

前、后片

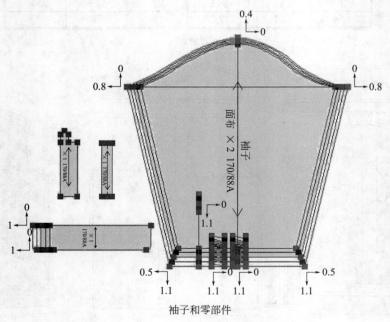

袖子和零部件

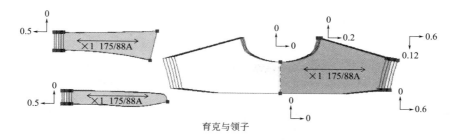

育克与领子

其中肩线放码时用了肩斜线放码工具。

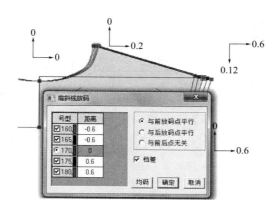

拓展练习：女衬衫推板。

第五节 男西装放码

男西装采用点放码的方式。

（1）调出前面制版的男西装样板，然后单击快捷工具栏中的点放码表。

（2）用选择纸样控制点工具框选需要放码的点，注意一个点放码结束后需要在空白处单击右键，然后再选择新的控制点，如果几个放码点的某个方向的放码数值一样，可以一次拉框选中多个放码点进行放码。

（3）前后片基准线为前后中心线和胸围线；腋下片基准线为一侧分割线和胸围线；袖子的基准线为袖中线和袖山高线；领子为后中心线。

（4）规格表与母板。

号型名	□165/84A	●170/88A	□175/92A	□180/96A
衣长	72	74	76	78
胸围	102	106	110	114
肩宽	43.8	45	46.2	47.4
袖长	56.5	58	59.5	61
袖口	29	30	31	32

规格表

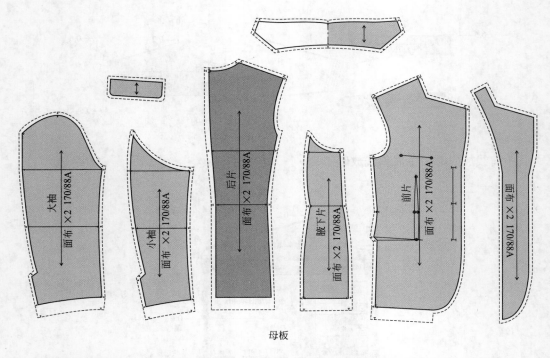

母板

（5）男西装推板，领口为了使得串口线平行，使用了平行交点工具放码。

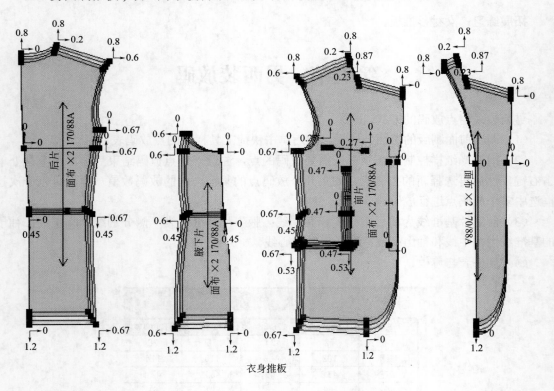

衣身推板

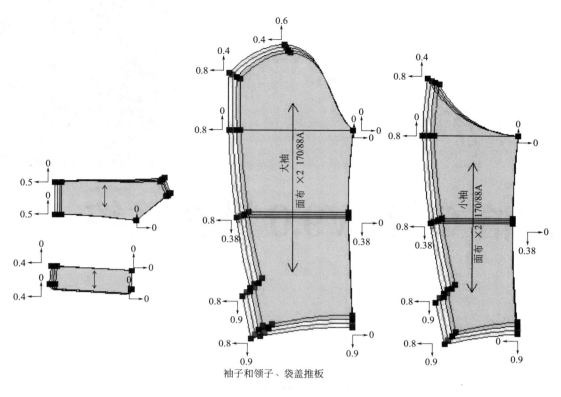

袖子和领子、袋盖推板

领子后中线部分水平方向档差为 1/2 领围档差，串口线部分沿着串口线，用角度放码中沿着 X 方向推 0.4cm。

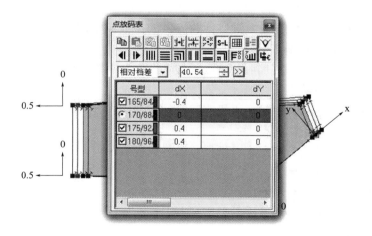

拓展练习：双排扣枪驳领男西装推板。

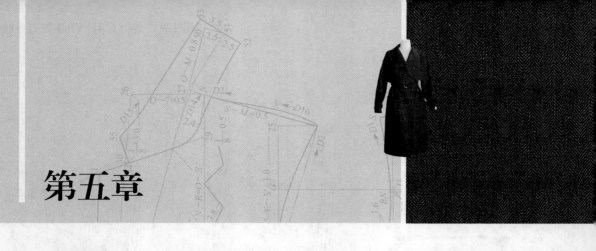

第五章

富怡 CAD V9.0 排料系统

　　服装排料又称排版、排唛架、划皮、套料等，是指一个产品排料图的设计过程，是在满足设计、制作等要求的前提下，将服装各规格的所有衣片样板在指定的面料幅宽内进行科学的排列，以最小面积或最短长度排出用料定额。目的是使面料的利用率达到最高，以降低产品成本，同时给铺料、裁剪等工序提供可行的依据。

　　富怡服装 CAD 的排料系统是为服装行业提供的排唛架专用软件，它界面简洁大方，思路清晰而明确，所设计的排料工具功能强大、使用方便。为用户在竞争激烈的服装市场中提高生产效率，缩短生产周期，增加服装产品的技术含量和高附加值提供了强有力的保障。

　　该系统主要具有以下特点：

　　（1）超级排料、全自动、手动、人机交互，按需选用；

　　（2）键盘操作，排料，快速准确；

　　（3）自动计算用料长度、利用率、纸样总数、放置数；

　　（4）提供自动、手动分床；

　　（5）对不同布料的唛架自动分床；

　　（6）对不同布号的唛架自动或手动分床；

　　（7）提供对格对条功能；

　　（8）可与裁床、绘图仪、切割机、打印机等输出设备接驳，进行小唛架图的打印及 1：1 唛架图的裁剪、绘图和切割。

第一节　排料系统工具介绍

1. 排料界面介绍

鼠标左键单击排料系统图标 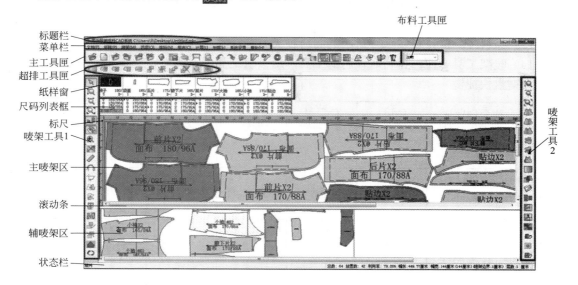，进入界面。

（1）标题栏：位于窗口的顶部，用于显示文件的名称、类型及存盘的路径。

（2）菜单栏：标题栏下方是由 10 组菜单组成的菜单栏，如下图所示，GMS 菜单的使用方法符合 Windows 标准，单击其中的菜单命令可以执行相应的操作，快捷键为 Alt 键加括号后的字母。

| 文档[F] | 纸样[P] | 唛架[M] | 选项[O] | 排料[N] | 裁床[C] | 计算[L] | 制帽[k] | 系统设置 | 帮助[H] |

（3）主工具匣：该栏放置着常用的命令，为快速完成排料工作提供了极大的方便。

（4）超排工具匣：超级排料工匣中的超级排料与排料菜单中超级排料命令作用相同。

（5）纸样窗：纸样窗中放置着排料文件所需要使用的所有纸样，每一个单独的纸样放置在一小格的纸样框中。纸样框的大小可以通过拉动左右边界来调节其宽度，还可通过在纸样框上单击鼠标右键，在弹出的排列纸样对话框，选择合适的选项即可。

（6）尺码列表框：每一个小纸样框对应着一个尺码表，尺码表中存放着该纸样对应的所有尺码号型及每个号型对应的纸样数。

（7）标尺：显示当前唛架使用的单位。

（8）唛架工具匣 1：排料时常用的工具；用该组工具可完成对唛架上纸样的选择、移动、旋转、翻转、放大、缩小、测量、添加文字等操作。

（9）主唛架区：主唛架区可按自己的需要任意排列纸样，以取得最省布的排料方式。

（10）滚动条：包括水平和垂直滚动条，拖动可浏览主辅唛架的整个页面、纸样窗纸样和纸样各码数。

（11）辅唛架区：将纸样按码数分开排列在辅唛架上，方便主唛架排料。

（12）状态区：包括状态栏主项和状态条两部分。

状态栏主项位于系统界面的最底部左边，如果把鼠标移至工具图标上，状态栏主项会显示该工具名称；如果把鼠标移至主唛架纸样上，状态栏主项会显示该纸样的宽、高、款式名、纸样名称、号型、套号及光标所在位置的 X 坐标 Y 坐标。根据个人需要，可在参数设定中设置所需要显示的项目；状态条位于系统界面的右边最底部，它显示着当前唛架纸样总数、放置在主唛架区纸样总数、唛架利用率、当前唛架的幅长、幅宽、唛架层数和长度单位。

（13）布料工具匣：显示纸样对应的面料种类，选择不同种类布料进行排料。

（14）唛架工具 2 匣：排料时使用的工具，用该组工具可完成对辅助唛架的操作。

2. 键盘快捷键

Ctrl + A 另存	Ctrl + D 将工作区纸样全部放回到尺寸表中	Ctrl + I 纸样资料	Ctrl + M 定义唛架	Ctrl + N 新建	Ctrl + O 打开	Ctrl + S 保存	Ctrl + Z 后退
Ctrl + X 前进	Alt + 1 主工具匣	Alt + 2 唛架工具匣 1	Alt + 3 唛架工具匣 2	Alt + 4 纸样窗、尺码列表框	Alt + 5 尺码列表框	Alt + 0 状态条	空格键 工具切换
F3 重新按号型套数排列辅唛架上的样片	F4 将选中样片的整套样片旋转 180°	F5 刷新	Del 移除所选纸样	8 向上滑动	2 向下滑动	4 向左滑动	6 向右滑动
5 90° 旋转	7 垂直翻转	9 水平翻转	1 顺时针旋转	3 逆时针旋转			

注意：9 个数字键与键盘最左边的 9 个字母键相对应，有相同的功能；对应如下表所示。

1	2	3	4	5	6	7	8	9
Z	X	C	A	S	D	Q	W	E

Ctrl 键：在使用任何工具情况下，按下 Ctrl 键（不弹起），把光标放在唛架上，此时向前滚动鼠标滑轮，工作区内容就以光标所在位置为中心放大显示，向后滚动鼠标滑轮，工作区内容就以光标所在位置为中心缩小显示。

双击：双击唛架上选中纸样可将选中纸样放回到纸样窗内；双击尺码表中某一纸样，可将其放于唛架上。

上下左右箭头：可将唛架上选中纸样向上移动、向下移动、向左移动、向右移动，移动一个步长，无论纸样是否碰到其他纸样。

3. 排料工具介绍

主要来讲解排料系统中的主工具匣、唛架工具匣 1、唛架工具匣 2、布料工具匣的性能和操作方法，为后面实例练习做准备。

（1）主工具匣：

① 打开款式文件 ：与文档菜单中打开款式文件的命令作用相同。

对话框说明：

a. 载入：用于选择排料所需的纸样文件（可同时选中多个款式载入）；

b. 查看：用于查看纸样制单的所有内容；

c. 删除：用于删除选中的款式文件；

d. 添加纸样：用于添加另一个文件中或本文件中的纸样和载入的文件中的纸样一起排料；

e. 信息：用于查看选中文件信息。

操作方法：单击"载入"—弹出对话框—然后选择款式—纸样制单，选择合适的设置的即可。

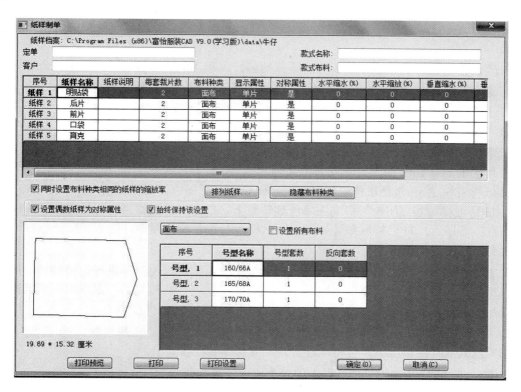

② 新建 ▭：新建与文档菜单中新建命令作用相同，执行该命令，将产生新的唛架文件。

③ 打开 ▦：打开一个已保存好的唛架文档。

④ 打开前一个文件 ▦：在当前打开的唛架文件夹下，按名称排序后，打开当唛架的上一个文件。

⑤ 打开后一个文件 ▦：在当前打开的唛架文件夹下，按名称排序后，打开当唛架的后一个文件。

⑥ 打开原文件 ▦：在打开的唛架上进行多次修改后，想退回到最初状态，用此功能一步到位。

⑦ 保存 ▦：该命令可将唛架保存在指定的目录下，方便以后使用。

⑧ 存本床唛架 ▦：对于一个文件，在排唛时，分别排在几个唛架上时，这时将用到"存本床唛架"命令。当存本床唛架时，给新唛架取一个与初始唛架相类似的档案名，只是最后两个字母被改成破折号（-）和一个数字。例如，如果初始档案被命名为 2017.mkr，那么其他唛架档案将被命名为"2017-1.mkr""20175-2.mkr"，等等，依此类推。

⑨ 打印 ▦：该命令可配合打印机来打印唛架图或唛架说明。

⑩ 绘图 ▦：用该命令可绘制 1：1 唛架。只有直接与计算机串行口或并行口相连的绘图机或在网络上选择带有绘图机的计算机才能绘制文件。

⑪ 打印预览 ▦：打印预览命令可以模拟显示要打印的内容以及在打印纸上的效果。

⑫ 后退与前进 ▦ ▦：与一般 Word 文档中的后退与前进操作方法一致。

⑬ 增加样片 ▦：可以将选中纸样增加或减少纸样的数量，可以只增加或减少一个码纸样的数量，也可以增加或减少所有码纸样的数量。

⑭ 单位选择 ▦：可以用来设定唛架的单位。

⑮ 参数设定 ▦：它由排料参数、纸样参数、显示参数、绘图打印及档案目录五个选项卡组成。

⑯ 颜色设定 ▦：为本系统的界面、纸样的各尺码和不同的套数等分别指定颜色。

⑰ 定义唛架 ▦：设置唛架（布封）的宽度、长、层数、面料模式及布边。

⑱ 字体设定 ▦：为唛架显示字体、打印、绘图等分别指定字体。

⑲ 参考唛架 ▦：打开一个已经排列好的唛架作为参考。

⑳ 纸样窗 ▦：用于打开或关闭纸样窗。

㉑ 尺码列表框 ▦：用于打开或关闭尺码表。

㉒ 纸样资料 ▦：包括纸样资料、全部尺码资料、纸样总体资料三项内容，可以修改。

㉓ 旋转纸样 ▦：所选纸样尚未排放到唛架上，则可对该纸样进行直接旋转，可以不复制该纸样；若所选纸样已排放到唛架上，则只能对其进行旋转复制，生成相应新纸样，并将其添加到纸样窗内。

㉔ 翻转纸样 ▦：若所选纸样尚未排放到唛架上，则可对该纸样进行直接翻转，可以不复制该纸样，若所选纸样已排放到唛架上，则只能对其进行翻转复制，生成相应新纸样，并将其添加到纸样窗内。

㉕ 分割纸样 ▦：将所选纸样按需要进行水平或垂直分割。在排料时，为了节约布料，在不影响款式式样的情况下，可将纸样剪开，分开排放在唛架上。

㉖ 删除纸样 ▦：删除一个纸样中的一个码或所有的码。

（2）唛架工具匣 1：

① 纸样选择 ⬚：用于选择及移动纸样。

② 唛架宽度显示 ⬚：用左键单击图标，主唛架就以宽度显示在可视界面。

③ 显示唛架上全部纸样 ⬚：主唛架的全部纸样都显示在可视界面。

④ 显示整张唛架 ⬚：主唛架的整张唛架都显示在可视界面。

⑤ 旋转限定 ⬚：该命令是限制唛架工具匣 1 中 ⬚ 依角度旋转工具、⬚ 顺时针 90° 旋转工具及键盘微调旋转的开关命令。

⑥ 翻转限定 ⬚：该命令是用于控制系统是否读取纸样资料对话框中的有关是否允许翻转的设定，从而限制唛架工具匣 1 中 ⬚ 垂直翻转、⬚ 水平翻转工具的使用。

⑦ 放大显示 ⬚：该命令可对唛架的指定区域进行放大、对整体唛架缩小以及对唛架的移动。

⑧ 清除唛架 ⬚：用该命令可将唛架上所有纸样从唛架上清除，并将它们返回到纸样列表框。

⑨ 尺寸测量 ⬚：该命令可测量唛架上任意两点间的距离。

操作方法：

a. 单击测量工具；

b. 在唛架上，单击要测量的两点中的起点再单击终点；

c. 测量所得数值显示在状态栏中，DX、DY 为水平、垂直位移、D 为直线距离。

⑩ 旋转唛架纸样 ⬚：在旋转限定工具凸起时，使用该工具对选中纸样设置旋转的度数和方向。

⑪ 顺时针 90° 旋转 ⬚：菜单栏中纸样—纸样资料—纸样属性，排样限定选项点选的是四向或任意时；或虽选其他选项，当旋转限定工具凸起时，可用该工具对唛架上选中纸样进行 90° 旋转。

⑫ 水平翻转 ⬚：纸样—纸样资料—纸样属性的排样限定选项中是双向、四向或任意，并且勾选允许翻转时，可用该命令对唛架上选中纸样进行水平翻转。

⑬ 垂直翻转 ⬚：纸样—纸片资料—纸样属性的排样限定选项中的允许翻转选项有效时，可用该工具对纸样进行垂直翻转。

⑭ 纸样文字 ⬚：该命令用来为唛架上的纸样添加文字。

⑮ 唛架文字 ⬚：用于在唛架的未排放纸样的位置加文字。

⑯ 成组 ⬚ 将两个或两个以上的纸样组成一个整体。

操作方法：

a. 操作：用左键框选两个或两个以上的纸样，纸样呈选中状态；

b. 单击成组工具，纸样自动成组；

c. 移动时，可以将成组的纸样一起移动。

⑰ 拆组 ⬚：是与成组工具对应的工具，起到拆组作用。选中成组的纸样，单击拆组工具在空白处单击，成组纸样就拆组了。

⑱ 设置选中纸样虚位 ：在唛架区给选中纸样加虚位。

操作方法：

a. 选中需要设置虚位的纸样；

b. 单击"设置选中纸样虚位"图标，弹出"设置选中纸样的虚位"对话框；

c. 输入虚位值，单击确定即可。

⑲ 更新纸样 ：与文档菜单下的关联一样。

（3）唛架工具匣 2：

① 显示辅唛架宽度 ：使辅唛架以最大宽度显示在可视区域。

② 显示辅唛架所有纸样 ：使辅唛架上所有纸样显示在可视区域。

③ 显示整个辅唛架 ：使整个辅唛架显示在可视区域。

④ 展开折叠纸样 ：选中折叠纸样，单击改图标，即可看到被折叠过纸样又展开。

⑤ 纸样右折、纸样左折、纸样下折、纸样上折 ：当对圆桶唛架进行排料时，可将上下对称的纸样向上折叠、向下折叠，将左右对称的纸样向左折叠、向右折叠。

操作方法：

a. 唛架设定—层数将层数设为偶数层，料面模式设为相对，折转方式设为下折转；

b. 单击上下对称的纸样，再单击 纸样下折，即可看到纸样被折叠为一半，并靠于唛架相应的折叠边；

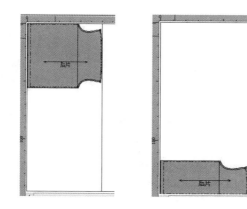

c. 同样，单击左右对称的纸样，再单击向左折叠或向右折叠，即可看到纸样被折叠为一半，并靠于唛架相应的折叠边。

⑥ 裁剪次序设定 ![icon]：用于设定自动裁床裁剪纸样时的顺序。

⑦ 画矩形 ![icon]：用于画出矩形参考线，并可随排料图一起打印或绘图。

操作方法：

a. 单击 ![icon]，松开鼠标拖动再单击，即可画一个临时的矩形框；

b. 单击 ![icon] 选择工具，将鼠标移至矩形边线，光标变成箭头时，单击右键，出现删除，单击删除就可以将刚才画的矩形删除了。

⑧ 重叠检查 ![icon]：用于检查纸样与纸样的重叠量及纸样与唛架边界的重叠量。

操作方法：

a. 单击 ![icon] 图标，使其凹陷；

b. 在重叠的纸样上单击就会出现重叠量，单击重叠的纸样时显示两纸样的最大重叠量。

⑨ 设定层 ![icon]：纸样的部分重叠时可对重叠部分进行取舍设置。

操作方法：

a. 单击设置层，整个唛架上的纸样设为 1（上一层）；

b. 用该工具在其中重叠纸样上单击即可设为 2（下一层），绘图时，设为 1 的纸样可以完会绘出来，而设为 2 的纸样跟 1 纸样重叠的部分（下图显示灰色的线段），可选择不绘出来或绘成虚线。

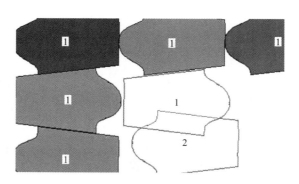

⑩ 制帽排料 ![icon]：对选中纸样的单个号型进行排料，排列方式有正常、倒插、交错、@倒插、@交错。

操作方法：

a．选中要排的纸样，单击制帽排料；

b．弹出"制帽单纸样排料"对话框；

c．在排料方式中选择适合排料方式，可勾选纸样等间距、只排整列纸样、显示间距。

d．单击"确定"，该纸样就自动排料，如果勾选了显示间距，排完后会自动显示纸样间距，如果在排的时候没勾选显示间距，需要查看的时候，再选该选项也能显示出来间距。

⑪ 主辅唛架等比例显示纸样 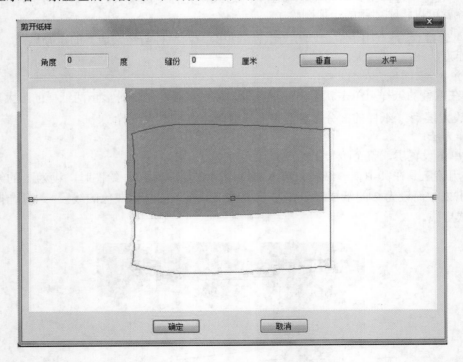：将辅唛架上的"纸样"与主唛架"纸样"以相同比例显示出来。

⑫ 放置纸样到辅唛架 ：将纸样列表框中的纸样放置到辅唛架上。

⑬ 清除辅唛架纸样 ：将辅唛架上的纸样清除，并放回纸样窗。

⑭ 切割唛架纸样 ：将唛架上纸样的重叠部分进行切割。

操作方法：

a．选中需要切割的纸样，单击"切割唛架纸样"，弹出"剪开纸样"对话框，在选中的纸样上显示着一条蓝色的切割线，在切割线的两端和中间各有一个小方框。

b．单击左键切割线两端小方框其中的一个，松开鼠标，拖动鼠标到需要的位置再单击鼠标，则切割线就会以另一端的小方框为旋转中心旋转，旋转的角度就会显示在角度框内，在缝份框内可以输入缝份量。单击切割线中间的小方框，松开鼠标拖动，则是平移切割线，单击垂直和水平按钮则切割线呈垂直和水平切割，单击"确定"即可。

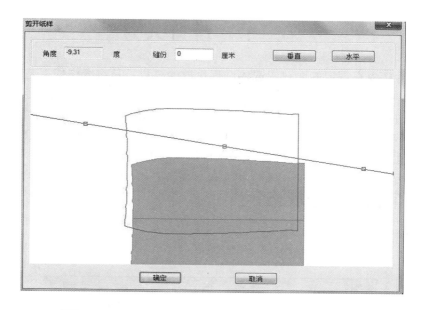

⑮ 裁床对格设置 ：用于裁床上对格设置。勾选选项菜单中的对条对格，裁床对格设置图标才被激活。

操作方法：

a．对纸样以正常的步骤对条格；

b．单击裁床对格设置图标，则工作区中已经对条对格的纸样就会以橙色填充显示，表示纸样被送到裁床上要进行对条对格；没有对条对格的纸样以灰色填充色显示；

c．如果不想在裁床上对条对格，用该工具单击已对条格的纸样，则纸样的填充色由橙色变成蓝色，表示该纸样在裁床不对条对格，再单击该纸样又由蓝色变橙色；也可以在唛架工作区单击右键，弹出对话框来设定。

⑯ 缩放纸样 ⊞：对整体纸样放大或缩小。

操作方法：

a．用该工具在需要放大或缩小的唛架纸样上单击；

b．弹出放缩纸样对话框，输正数原纸样会缩小，输负数原纸样会放大；

c．单击"确定"即可。

（4）布料工具匣：

布料工具匣 ：选择不同种类布料进行排料。

第二节　排料实例

服装的衣片样板在规定的面料幅宽内合理排放的过程，是将纸样依工艺要求（正反面、倒顺向、对条、格、花等）形成能紧密啮合的不同形状的排列组合，以期最经济地使用布料，达到降低成本的目的。排料是进行辅料和裁剪的前提，通过排料，可知道用料的准确长度和样板的精确摆放次序，使铺料和裁剪有所依据，所以，排料工作对面料的消耗、裁剪的难易、服装的质量都有直接的影响，是一项技术性很强的工艺操作。

一、单个款式多个规格套排

1. 筒裙排料

（1）单击"新建"—"唛架设定"。

（2）选取款式。

（3）单击"确定"，弹出"纸样制单"，填写适当数据即可。

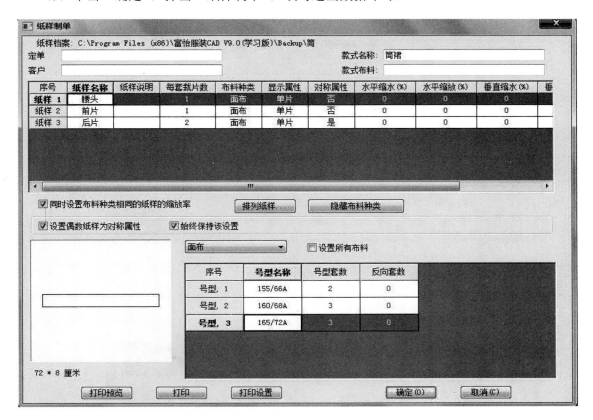

（4）菜单栏中的排料，单击开始自动排料，然后再根据实际需要进行调整即可，在状态栏右侧，显示放置数和总数，以及面料有效利用率。如果纸样窗和尺码列表框没有显示，单击主工具匣中二者的图标即可。

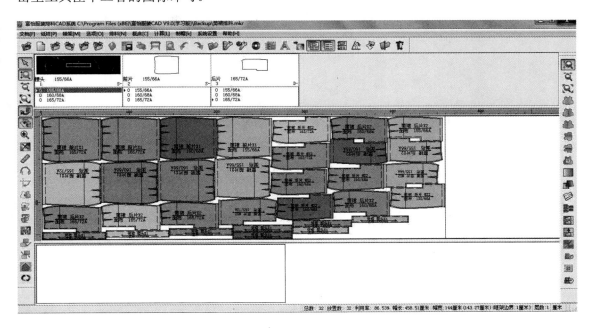

（5）排料结果，不成套纸样数为 0，说明全部拍完，如果不是 0，可以通过主工具匣中的定义唛架更改唛架长度，然后再次开始自动排料，直到不成套纸样数为 0。

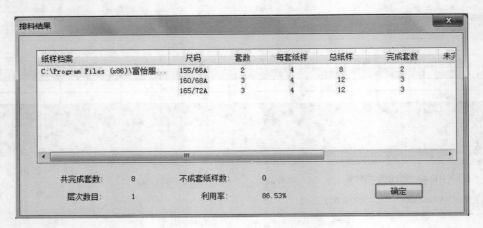

（6）保存，等待绘图仪输出。

2．男衬衫排料

（1）新建一个唛架，设置唛架长度。

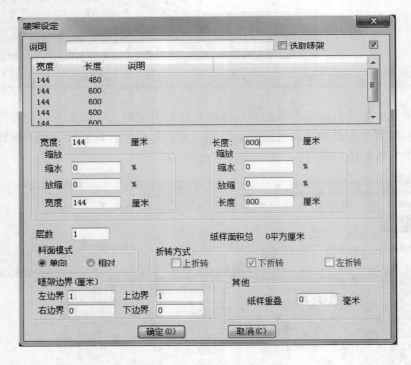

（2）选取款式，单击"确定"，弹出"纸样制单"。

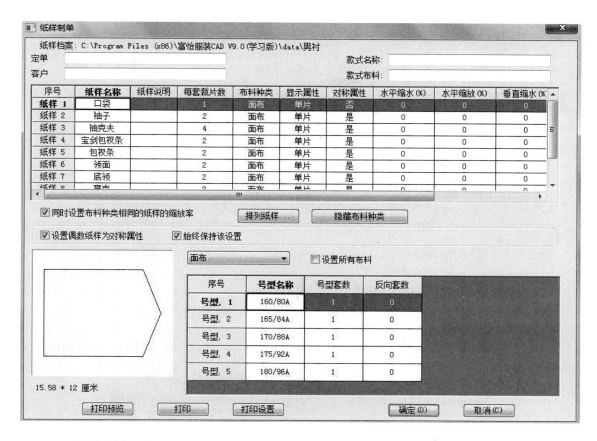

（3）菜单栏中的排料，单击开始自动排料，然后再根据实际需要进行调整即可，在状态栏右侧，显示放置数和总数，以及面料有效利用率。

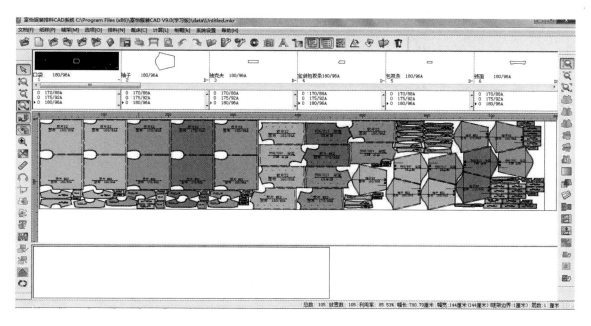

（4）排料结果，不成套纸样为0，说明全部排完。

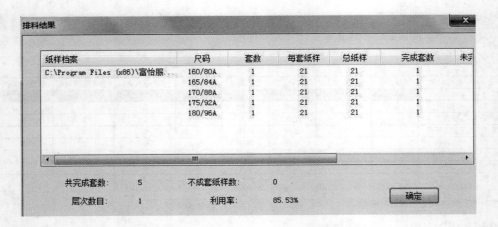

（5）保存，等待输出。

二、两个及以上款式多个规格套排

男西裤和男西装套排：

（1）新建唛架，唛架长度可以粗略地计算，然后在排料过程中可以通过主工具匣中的定义唛架进行更改。

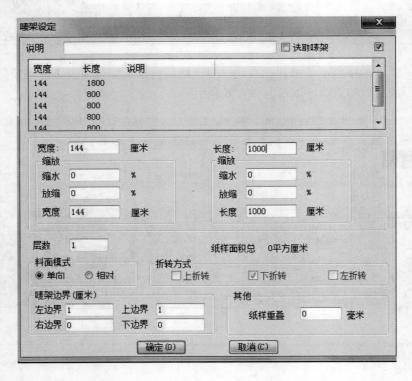

（2）选取款式，载入"男西裤2"和"男西装"，单击"确定"。

（3）单击菜单栏中的排料—开始自动排料（零部件可以根据适当的情况进行调整位置，提高有效利用率）。

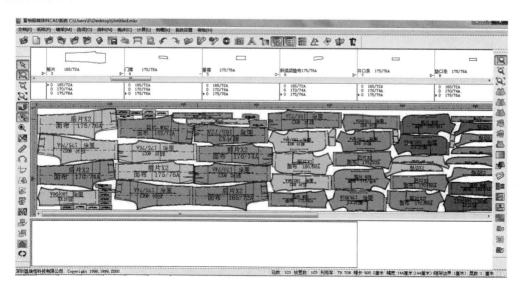

（4）排料结果。

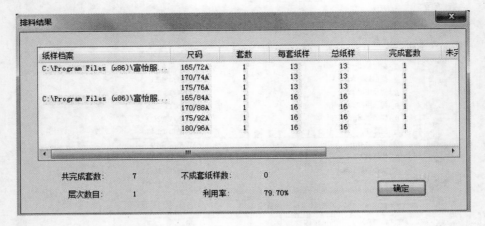

纸样档案	尺码	套数	每套纸样	总纸样	完成套数	未兮
C:\Program Files (x86)\富怡服...	165/72A	1	13	13	1	
	170/74A	1	13	13	1	
	175/76A	1	13	13	1	
C:\Program Files (x86)\富怡服...	165/84A	1	16	16	1	
	170/88A	1	16	16	1	
	175/92A	1	16	16	1	
	180/96A	1	16	16	1	

共完成套数：	7	不成套纸样数：	0
层次数目：	1	利用率：	79.70%

确定

拓展练习：

（1）"男西裤 5" 规格排料练习；

（2）男西装和女时装混合排料练习。

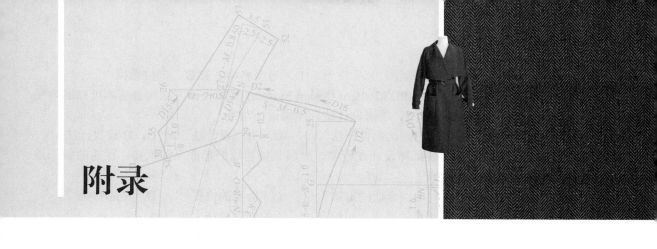

服装 CAD 工程师试题一

一、单项选择题（在每小题列出的四个选项中只有一个是符合题目要求的，请将其代码填写在题后的括号内。错选、多选或未选均无分。本大题共 15 小题，每小题 1 分，共 15 分）

1. 服装计算机辅助设计系统是_____。（   ）

A．CAMS   B．CAPPS   C．CADS   D．CAES

2. 服装纸样 CAD 系统使用的输入设备有_____。（   ）

A．数字化仪   B．摄像机   C．绘图仪   D．扫描仪

3. 纸样系统专用输出设备有_____。（   ）

A．数字化仪   B．摄像机   C．绘图仪   D．打印机

4. 服装纸样 CAD 设计方法一般有三种方式：辅助线法、数字化仪输入法和_____。（   ）

A．原型法   B．定量定寸法   C．比例法   D．平面设计法

5. 服装 CAD 的作用：提高服装设计质量，缩短设计和加工周期，降低生产成本，减少技术难度，_____。（   ）

A．提高对市场的快速反应能力   B．品种增加

C．提高产量   D．扩大生产规模

6. CAPDS 是_____的缩写。（   ）

A．计算机辅助服装纸样设计系统   B．计算机辅助放码设计系统

C．计算机辅助服装生产系统   D．计算机辅助服装效果图设计系统

7. 服装纸样计算机辅助设计目前主要分为工具型和_____型两类。（   ）

A．智能   B．数字化仪   C．数码印花机   D．扫描仪

8. 智能化服装 CAD 相关技术包括：启发式搜索技术、决策推理技术、约束满足技术、计算机视觉技术、_____。（   ）

A．自适应控制技术   B．机器人技术   C．知识工程技术   D．搜索引擎技术

9. "尺寸表"模块由_____构成。（   ）

A．参数、部位项、数据   B．代码、部位项、数据

C．号型名称、部位项、数据　　　　　　　D．号型名称、参数、部位数据

10．目前的纸样设计系统 PDS(Pattern Design System) 就其设计方法而言基本可归纳为经典设计法、_____、原型设计法、雏形设计法、模块设计法等。（　　　）

A．立体设计法　　　　B．比例设计法　　　　C．母型设计法　　　　D．D 式设计法

11．在计算机辅助服装纸样设计过程中，对服装结构线的把握至关重要，优秀的版师最难能可贵的是能赋予结构线_____。（　　　）

A．正确的尺寸　　　　B．合适的形态　　　　C．恰当的位置　　　　D．情感特征

12．为了加工工艺和质量的要求，电脑在_____的处理操作上可自动完成。（　　　）

A．标记　　　　　　　B．边角　　　　　　　C．文字　　　　　　　D．图示

13．自动放码是将_____中各个号型的尺寸值分别赋予裁剪图参数式中的相关参数，计算机按照纸样设计的规则重新逐号型设计纸样。（　　　）

A．设备表　　　　　　B．规格表　　　　　　C．图表　　　　　　　D．数据库

14．数字化仪读图适合于以下几种情况_____。（　　　）

A．已有基础号型的纸样需要排料时，可通过数字化仪读图得到

B．针对服装企业的自主开发，需要根据样衣制作服装板型的情况

C．对于复杂款式的服装无法用平面制图法得到，而需要先通过立体裁剪法得到的服装样片，可通过数字化仪输入计算机再进行下一步的生产

D．以上都不是

15．判断下面图形中是_____推板方式。（　　　）

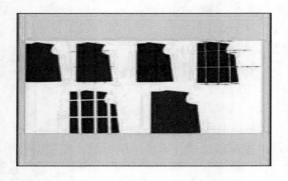

A．自动推板　　　　　B．切割推板　　　　　C．点推板　　　　　　D．网格推板

二、判断题（判断下列每小题的正误。正确的在题后括号内打"√"；错误的打"×"。本大题共 15 小题，每小题 1 分，共 15 分）

（　　）16．数字化仪板是输入图像的外设设备。

（　　）17．在服装纸样 CAD 系统中，版型库、号型库客户不可以随意建立。

（　　）18．服装 CAD 系统就是针对纸样开发设计的系统。

（　　）19．吊挂系统是服装排料 CAD 的主要外设。

（　　）20．扫描仪是服装 CAD 系统的重要输入设备。

（　　）21．样片设计系统已达到智能自动化设计层次。

（　　）22．在纸样系统中，参数化设计功能是 21 世纪服装设计系统的发展重点。

（　）23．在点数放码操作过程中，不动轴的位置不同，导致放码结果也不同。

（　）24．放码设计中，产生网状图，才说明完成各个号型推放。

（　）25．切割放码中，有变动量需求的位置就可设置切割线。

（　）26．MTM 就是单量单裁。

（　）27．测体归号是将被测体数据和生产号型表对应，便于生产的号型汇总过程。

（　）28．比值法放码就是将放码规则以算数式的形式进行操作。

（　）29．切割放码，主要针对分割片多的衣片进行。

（　）30．外衣号型设置和内衣号型设置不同。

服装 CAD 工程师试题二

一、单项选择题（在每小题列出的四个选项中只有一个是符合题目要求的，请将其代码填写在题后的括号内。错选、多选或未选均无分。本大题共 15 小题，每小题 1 分，共 15 分）

1. 服装 CAD 的英文全拼是什么_____。（　　　）

A．Computer Again Design　　　　　　　B．Computer Aided Design

C．Computer Aim Design　　　　　　　　D．Computer Abort Design

2. 下列不是目前国内 CAD/CAM 系统的主要功能是_____。（　　　）

A．款式设计　　　　　B．打版　　　　　C．排料　　　　　D．缝纫

3. MS 是_____的缩写。（　　　）

A．计算机集成服装制造　　　　　　　　B．计算机辅助服装设计

C．计算机辅助服装生产　　　　　　　　D．计算机集成服装功能

4. 下列不属于输出设备的是_____。（　　　）

A．打印机　　　　　B．绘图仪　　　　　C．切割机　　　　　D．数字化仪

5. 世界首家服装 CAD 产生于_____。（　　　）

A．英国　　　　　B．日本　　　　　C．美国　　　　　D．法国

6. 规范的纸样生产符号在国际和国内服装业中通用，其中"〰〰〰"表示_____。（　　　）

A．连裁符号　　　　　B．抽缩符号　　　　　C．拼接符号　　　　　D．重叠符号

7. 下列不属于省道转移方法的是_____。（　　　）

A．量取法　　　　　B．旋转法　　　　　C．分割法　　　　　D．剪切法

8. 根据我国颁布的最新服装号型国家标准中的人体体型，其中"B"表示胸围与腰围的差数是_____。（　　　）

A．19～24cm　　　　　B．14～18cm　　　　　C．9～13cm　　　　　D．4～8cm

9. 第七颈椎又叫_____，是原型的后身中线的顶点，也是测量后衣长和背长的起点。（　　　）

A．前颈点　　　　　B．后颈点　　　　　C．侧颈点　　　　　D．肩点

10. 以下不是省道转移的原则是_____。（　　　）

A．省道经传以后，新省道的长度尺寸与原省道的长度尺寸相同

B．省道转移时，应尽量作通过 BP 点

C．省道转移一定要时前后衣身的原型在腰节处保持在同一水平线上，否则会影响制成样板的整体平衡和尺寸的准确性

D．省道转移可以是单个省道的集中转移也可以是一个省道转移为多个分散的省道

11. 样片设计系统中设计方法有很多，其中_____是手工和电脑都可以应用的方法。（　　　）

A．经典设计法和原型设计法　　　　　　B．比例设计法和原型设计法

C．基础设计法和自动设计法　　　　　　D．比例设计法和基础设计法

12. "尺寸表"模块由_____构成。（　　　）

A．参数、部位项、数据　　　　　　　　B．代码、部位项、数据

C. 号型名称、部位项、数据　　　　　　　D. 号型名称、参数、部位数据

13. 身高 163cm，净胸围 85cm 的女性，胸腰差范围是 17cm，在母板上应标明的号型为_____。（　　）

A. 160/84A　　　　　B. 160/84B　　　　　C. 165/84A　　　　　D. 165/84B

14. 如下图所示，袖窿宽的变化量是_____。（　　）

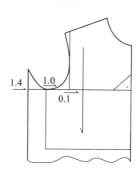

A. 0.6　　　　　　　B. 0.8　　　　　　　C. 1.0　　　　　　　D. 1.4

15. 如下图所示，肩宽的变化量是_____。（　　）

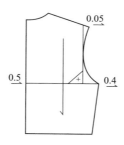

A. 1.0　　　　　　　B. 1.1　　　　　　　C. 1.2　　　　　　　D. 1.3

二、判断题（判断下列每小题的正误。正确的在题后括号内打"√"；错误的打"×"。本大题共 15 小题，每小题 1 分，共 15 分）

（　　）16. 第一套应用于服装领域的 CAD/CAM 系统主要用于打样。

（　　）17. 一般的服装 CAD 软件其功能主要包括：款式设计系统、结构设计系统、放码系统和排料系统。

（　　）18. 服装 CAD 系统就是针对纸样开发设计的系统。

（　　）19. 样片设计系统已初步达到智能化设计层次。

（　　）20. 服装 CAD 产品由计算机硬件与应用软件组成。

（　　）21. 量身定做就是单量单裁。

（　　）22. 分割的实用功能是省去省量，从而达到合体的效果。

（　　）23. "160/84A"是指下装号型。

（　　）24. 人体测量尺寸即为成品规格尺寸。

（　　）25. 服装上长度方向一般取直丝缕。

（　　）26. 服装结构设计是款式设计到最终产品完成的中间环节，既是款式造型设计

的延伸和发展，又是工艺设计的准备和基础。

（　　）27．号型表示方法是在号与型之间用竖线隔开，后接体型分类代号。

（　　）28．从结构角度分析，人体的舒适性包括静态与动态两种。

（　　）29．身高尺寸的测量是立姿赤足，用人体测高仪量自头顶至地面所得的垂直距离。

（　　）30．省量表现在服装上，它越大就意味着人体该部位的曲面状／球面状程度越大。

服装 CAD 工程师试题三

一、单项选择题（在每小题列出的四个选项中只有一个是符合题目要求的，请将其代码填写在题后的括号内。错选、多选或未选均无分。本大题共 15 小题，每小题 1 分，共 15 分）

1. 服装计算机辅助设计系统的缩写是_____。（　　　）
   A．CAD　　　　　　　B．CAE　　　　　　C．CAPD　　　　　D．CAM

2. 服装纸样 CAD 系统使用的输入设备有_____。（　　　）
   A．数字化仪　　　　　B．摄像机　　　　　C．扫描仪　　　　　D．绘图仪

3. 对于复杂款式的服装无法用平面制图法得到，而需要先通过立体裁剪法得到的服装样片，可通过_____输入计算机再进行下一步的生产。（　　　）
   A．数字化仪　　　　　B．摄像机　　　　　C．绘图仪　　　　　D．打印机

4. 服装纸样 CAD 设计系统一般有三种方式：辅助线法、数字化仪输入法和_____。（　　　）
   A．原型法　　　　　　B．定量定寸法　　　C．比例法　　　　　D．平面设计法

5. CIMS 是_____的缩写。（　　　）
   A．计算机集成服装功能　　　　　　　　B．计算机辅助服装跟单
   C．计算机辅助服装生产　　　　　　　　D．计算机集成服装制造

6. CAGD 是_____的缩写。（　　　）
   A．计算机辅助服装纸样设计　　　　　　B．计算机辅助放码设计
   C．计算机辅助服装生产　　　　　　　　D．计算机辅助服装效果图设计

7. 下面_____不是服装 CAD 系统硬件？（　　　）
   A．吊挂系统　　　　　B．数字化仪　　　　C．数码印花机　　　D．扫描仪

8. 样片设计系统中设计方法有很多，其中_____是手工和电脑都可以应用的方法。（　　　）
   A．经典设计法和雏形设计法　　　　　　B．比例设计法和原型设计法
   C．雏形设计法和自动设计法　　　　　　D．原型设计法和基础设计法

9. "尺寸表"和"档差表"模块由_____构成。（　　　）
   A．尺码、部位、数据　　　　　　　　　B．代码、部位、数据
   C．号型名称、变量关系、数据　　　　　D．号型名称、参数、部位数据

10. 服装 CAD 的作用是提高服装设计质量，缩短设计和加工周期，降低生产成本，减少技术难度，_____。（　　　）
    A．提高对市场的快速反应能力　　　　　B．品种增加
    C．提高产量　　　　　　　　　　　　　D．扩大生产规模

11. 智能化服装 CAD 相关技术，包括：启发式搜索技术、决策推理技术、约束满足术、_____、计算机视觉技术。（　　　）
    A．自适应控制技术　　　　　　　　　　B．机器人技术
    C．知识工程技术　　　　　　　　　　　D．搜索引擎技术

12. 计算机辅助服装纸样设计时，先要设定纸样的规格号型，对于女装 A 体型，以下说法正确的是_____。（　　　）

A．女性 A 体型胸腰差为 16 ～ 12cm   B．女性 A 体型胸腰差为 18 ～ 14cm

C．女性 A 体型胸腰差为 13 ～ 9cm   D．女性 A 体型胸腰差为 22 ～ 17cm

13．在折线点上输入放码规则是参数形式的放码方式是_____。（   ）

A．切割放码方式   B．点数放码方式

C．规则放码方式   D．公式放码方式

14．以三维测体数据为基础，满足客户个性要求而设计开发的应用系统是_____。
（   ）

A．量身定做   B．单量单裁

C．规则放码方式   D．点数放码方式

15．判断下面图形中是_____推板方式。（   ）

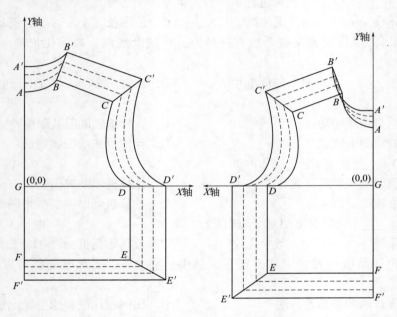

A．自动推板   B．规则推板   C．点推板   D．网格推板

二、判断题（判断下列每小题的正误。正确的在题后括号内打"√"；错误的打"×"。
本大题共 15 小题，每小题 1 分，共 15 分）

（   ）16．在应用服装款式 CAD 软件进行服装效果图设计时，调用的各种素材的"库"，用户可以自行建立。

（   ）17．在纸样系统中，参数化设计功能是 21 世纪服装 CAD 系统的发展重点。

（   ）18．图像文件也可以用数字化仪板输入。

（   ）19．数字化仪板是输入图像的外设设备。

（   ）20．服装 CAD 系统就是针对服装款式设计的系统。

（   ）21．CAPD 系统已初步达到智能化设计层次。

（   ）22．在样片设计系统中，拼合组装设计是充分利用计算机存储记忆功能及专家知识系统。

（   ）23．在点数放码操作过程中，不动点的位置不同，各个放码点的规则发生变化，

放码结果一样。

（ ）24．CAGD 系统中可输出任意号型或网状图，并可以简单排版。

（ ）25．规则拷贝放码方法，就是将已有的同款式放码规则进行复制操作。

（ ）26．MTM 纸样处理规则是将被测体与现有接近的号型板试穿后，用放缩的方式进行调整。

（ ）27．女性 C 体型的中间体号型是 160/88C。

（ ）28．男性 A 体型的中间体号型是 170/84A。

（ ）29．自动放码是将数据库中各个号型的尺寸值分别赋予裁剪图参数式中的相关参数，计算机按照纸样设计的规则重新逐号型设计纸样。

（ ）30．规则放码是指按照一组指令来确定不同的增量值，依次放大或缩小样板。

参考文献

[1] 陈桂林. 服装 CAD 工业制板技术. 北京：化学工业出版社，2013.

[2] 杨丽娜，宋泮涛. 服装 CAD 制班技术与实例精解. 北京：中国轻工业出版社，2014.

[3] 曲长荣，宋勇. 服装工业制板. 北京：化学工业出版社，2016.

[4] 张君英，朱宏达. 服装 CAD 应用实践. 北京：化学工业出版社，2016.

[5] 刘荣平，李金强. 服装 CAD 技术. 北京：化学工业出版社，2007.

[6] 杨以雄. 服装生产管理. 上海：东华大学出版社，2006.

[7] 陈桂林，王威仪. 服装 CAD 应用. 北京：中国纺织出版社，2014.

[8] [日] 三吉满智子. 服装造型学理论篇. 北京：中国纺织出版社，2006.